黄国胜 著

隐藏的人格

The
Hidden
Personality

群言出版社
QUNYAN PRESS

图书在版编目（CIP）数据

隐藏的人格 / 黄国胜著. -- 北京：群言出版社，2020.2

ISBN 978-7-5193-0578-9

Ⅰ. ①隐… Ⅱ. ①黄… Ⅲ. ①人格心理学 Ⅳ. ①B848

中国版本图书馆CIP数据核字（2019）第301019号

责任编辑：张碧英
封面设计：仙境设计

出版发行 群言出版社
地　　址 北京市东城区东厂胡同北巷1号（100006）
网　　址 www.qypublish.com（官网书城）
电子信箱 qunyancbs@126.com
联系电话 010-65267783　65263836
经　　销 全国新华书店
印　　刷 河北鹏润印刷有限公司
版　　次 2020年2月第1版　2020年2月第1次印刷
开　　本 880mm×1230mm　1/32
印　　张 8
字　　数 160千字
书　　号 ISBN 978-7-5193-0578-9
定　　价 46.80元

【版权所有，侵权必究】

如有印装质量问题，请与本社发行部联系调换，电话：010-65263836

我们无时无刻不戴着面具。
哪怕摘掉伪装的"假面具"后所暴露出来的"真面具",也是一个面具。

前 言

同一个人在不同的场合会有不同的心理表现，说明他的内心是由不同的部分构成的，这些部分就叫"人格面具"。

当今社会越来越多元化，一个人只有拥有足够多的人格面具，才能较好地适应环境。但是面具多了，互相之间难免会发生矛盾。当矛盾达到一定程度时，就会产生内心冲突。一般人处理内心冲突的主要方法有：压制，即强化一个面具，打压另一个面具，使后者"消失"；分裂，即把两个面具分开，轮流"执政"，避免它们同时出场；整合，即使两个面具求大同，存小异，互相和解，和睦相处。

事实证明，用压制的方法无法使面具真正消失，只能把它压抑，变成无意识。这个面具依然存在，它躲在暗处，随时准备冲出来。因为它是无意识的，当事人不认识它。当它出来的时候，当事人会觉得非常奇怪："我怎么会这样呢？"他会认为自己出现心理障碍了。这意味着，心理障碍是被压抑的人格面具冒出来的结果，也叫"无意识显现"。

心理障碍是不受欢迎的。一旦出来，人们就如临大敌，想方设法把它重新打回去。有时候，被压抑的面具并不试图冲到前台，而是继续留在幕后，暗中捣乱，对当事人的行为产生干扰，使人无法心想事成。例如，一个学生很想认真学习，但是一拿起书，思想就会开小差，不知道想到哪里去。遇到这种情况，很多人本能地知道，这是内心的敌人在作祟。换句话说，敌人往往不在外界，而在内心；不是别人，而是自己。所以，人们必须战胜自己。怎么战胜自己呢？就是把内心的敌人消灭掉。

然而，人格面具一旦形成，永远不会消失。所谓消失或消灭，其实就是压抑。压抑的面具迟早会冲到前台，导致心理障碍的发作，或者干扰当事人的行为。所以，压抑是无法从根本上解决问题的，最好的办法是接纳和整合。

人格面具是特定的人在特定情境中的心理表现。每一个人格面具都有适宜的情境，都有存在的理由。心理障碍是面具过强、"泛滥成灾"的结果。面具之所以会过强，主要原因是能量得不到释放，而能量得不到释放的原因是压抑。压抑导致能量积聚。

能量适中的面具，只有遇到相应的情境，才会被激发出来。如果能量太强，遇到类似的，甚至无关的情境，也会被激发出来。如果能量再强一些，即使没有情境，也会自我激发。

所以，治疗心理障碍，第一步是识别被压抑的面具。如果病人正在发作，那么，当下的面具就是被压抑的面具。如果病人已经暂时恢复正常，那就通过病史回顾，找出被压抑的面具。如果没有发作，只是干扰，则要把干扰面具揪出来。

第二步，释放面具的能量。通常借助于回忆、描述或表演等展示面具的方法。当求助者回忆或描述面具的时候，相应的情绪就会涌上来，仿佛进入那种情境，身临其境，感同身受，认知和行为也会被带出来。表演则更直接、更主动地把面具展现出来，把面具的能量释放掉。

第三步，接纳。识别和展示就是初步的接纳。病人原来对被压抑的面具是否认和排斥的，从否认到识别，从排斥（或回避）到展示，就是从压抑（敌对或对抗）到接纳。在此基础上，采用"自我对话""进入面具"等技术，进一步接纳被压抑的面具，化敌为友。

第四步，安置。面具的能量释放了，就不再"泛滥成灾"了，它只对特定情境做出反应。安置意味着承认了被压抑的面具的"合法地位"，这也是一种接纳。

从荣格提出人格面具的概念以来，人格面具越来越受到人们的关注。许多学派都在涉足这个领域，只是叫法不同，譬如内在的小孩、内部世界或"人物"、"自我状态"、"个性部分"、人格意象、子人格或亚人格。本书把前人的成就汇总一下，再往前推进一点点。

本书共分九章。第一章介绍人格面具理论；第二章至第八章用许多案例，生动、形象地分析了各种心理现象，如人格分裂、决策困难、自我不接纳、事与愿违、身不由己、假性互动、投射性认同、伪装、表演等；第九章讲解"面具重建技术"。

序言：灵魂炼金从人格面具出发

著名心理咨询师　李孟潮

好多人都希望通过模仿荣格，而走上自性化之路。好像还有好多人，以为自性化之途大约是要抛开面具，活出真我的风采。但是人们似乎忘了两点：

第一，荣格自己的人格面具曾经发展到了顶峰。他在《红书》开篇有言，自己四十岁时已经名利双收。他当时已经是国际顶级精神病学家，也是学院心理学重要领军人物，顶尖大学教授。即便自毁前途，混迹江湖于精神分析圈，居然又成了江湖大佬。他被选举为国际精神分析协会的主席，即便有弗洛伊德及其朋友的对抗，他仍然高票获胜连任。眼看他可以踢走弗洛伊德，自立为王，当时他却再次远离人群喧嚣、红尘名利，回归田园，一边做泥瓦匠手工建房，一边做治疗写书自我分析。不曾经历外王之风光，何敢妄言内圣之超越？

第二，彻底抛弃人格面具，让荣格吃尽苦头：一方面接近精神分裂，一方面违背伦常之事不断发生。直到后来，他终于领悟到炼金妙道在于允持厥中，这才恢复精神系统的平衡性，最终写出自传。那时候，他已经七十多岁了。中年自性化的要义之一，是要成为你自己，成为完整的人。那么，什么样的人，才需要如此努力地成为他自己呢？显然，此人之前用力过猛，拼命成为别人称许的人。为了成为别人称许之人,不惜分裂自己。换言之,此人名利双收,却丢了自己。荣格便是此种典型。

对于人格面具,荣格认为"它是一种假自我,是一种我们对自身的理念的集合,是我们和周遭环境互动中形成的妥协"。

在心理动力学的历史中,荣格提出了人格面具后,荣格学派却很少有人再继续研究,除了雅可比(Jacobi)在1967年出版的《灵魂的面具》,算是一部有分量的作品。个中原因,在我看来有两点:

其一,"人格面具"这个术语遇到了竞争对手。这是指后来在精神分析学史中,有几个术语内涵和"人格面具"颇为类似:一个是"防御机制"(defense mechanism),一个是"自我身份认同"(ego identity),一个是"假自体"(false self)。

人格面具说到底,是一套防御丛,在应对自我与环境的冲突中发展起来,在青春期它得以固化,形成一个人的人格成分,所谓自我身份认同。这些方面,精神分析的自我心理学派基本上都有了非常精细的研究。如近年来风行的杰瑞姆·布莱克曼(Jerome S. Blackman)的《心灵的面具:101防御机制》,我们可以看到,无论从定义、发展,还是临床操作,自我心理学派都有非常精细化的阐述。唐纳德·温尼科特(Donald W. Winnicott)的假自体一说,也和荣格所言的人格面具有诸多重合之处。

其二,"人格面具"在早期荣格派的分析中相对不重要。这大概是因为:一方面,荣格自己四十岁之前的问题就在于人格面具过于膨胀;另一方面,他自己的个案,也多来自上流社会,这些人的问题在于放下那过厚的人格面具。故而时至今日,即便是在国外成熟的荣格派分析师当中,都还会有人把人格面具当作"虚伪"的同义词使用,更不用说国内很多初学者了。

那么,目前,在国内,是否也存在人格面具过度膨胀的现象?人格面具是否只是一个无用的累赘,一个需要马上卸下的负担呢?这个问题需要我们通过临床研究来回答,《隐藏的人格》就是这么一个研究。

此书中,作者黄国胜医师在正确理解了人格面具的社会适应功能的基础上,对人格面具的分类、形成和转化做出了可喜的尝试,并且配合了众多案例。通过这些案例我们可以看到:对有的人来说,需要放下僵化的、厚重的人格面具,展现真我的童真,允许灵魂的黑暗浮现;对有的人,则要强化薄弱的人格面具,不能继续赤裸奔走;有的人的人格面具太破碎,需要得到整合;有的人的人格面具太强化,需要不断分化。

除了黄国胜外,国际认证分析师、山西大学的范红霞教授及其学生也做了很多这方面的研究,如《母亲意象人格面具与阴影的心理分析及实证研究》《父亲意象人格面具的结构的实证分析与心理分析》,也有马向真、郭品希等学者对人格面具理论进行了研究。

总体上来说,国内的研究比起国际上的研究仍有一定距离,但是也并非遥不可及。我想,下一步对于人格面具的研究应该集中在以下几个方面:

第一,界定人格面具的内涵与外延。尤其是它与以下两个概念的区分:身份认同和假自体。

第二,发展临床上有关人格面具的信度和效度较高的测量工具，用于诊断和疗效评估。

第三，结合单一个案研究这种方法，深入探索针对人格面具工作的技术，尤其是各种技术适应症和禁忌症。

第四，以上各种技术在具体的各种障碍的治疗过程中，如何与治疗师的个性匹配，如何影响治疗师的人格发展，这是治疗过程变化动力学的重要内容。我们知道，所谓"治疗师的职业自我"，其实也是一种人格面具，这种人格面具什么阶段应该强化，什么阶段应该放下，是非常值得探索的。迄今为止，作者只看到在荣格学派的移情炼金术和精神分析关系学派中有相关阐述。

第五，也是最重要的，在中国的文化背景下，人格面具如何建构和消解。尤其是，中国传统文化对中国人的人格面具有何影响。比如我们知道，儒家是提倡人格面具的修养的，所谓"化性其伪""存善去恶"即是；《荀子·性恶》甚至说"故圣人化性而起伪，伪起而生礼义，礼义生而制法度"；而《周易·文言》中甚至体会到这种过程是一种美学修养："君子黄中通理，正位居体，美在其中，而畅于四支，发于事业，美之至也。"这和荣格所提的自性化炼金中，人格面具与阴影的激烈交战迥乎不同。那么，这是由于中国古人太过虚伪，人格面具过度膨胀，以至于完全体会不到阴影的存在吗？还是中国古人另辟蹊径，有一套独特的方法，让他们不至于陷入荣格所描述的各种自性化陷阱中？

诗人有言："涂脂抹粉匀，转眼四时春。莫笑三分假，方为座上宾。"人生如戏，人生如梦，梦中演戏，自不免要戴上面具。关键是，这个面具的分寸感是否可以恰当地掌握在"三分假"的程度？

目录

前言

序言

第一章　了解人格面具的秘密——认识你自己
　　第一节　人格面具理论　　　　　　　　　　　004
　　第二节　人格面具的种类　　　　　　　　　　007
　　第三节　人格面具的形成和转化　　　　　　　016
　　第四节　错综复杂的人格面具关系　　　　　　022
　　第五节　人格面具是人际交往的产物　　　　　026
　　第六节　所有的心理障碍都是面具障碍　　　　029

第二章　你方唱罢我登场——分裂的人格面具
　　第一节　自己与自己的厮杀对决——人格分裂　　036
　　第二节　挣脱不开的幻觉——精神分裂　　　　　041
　　第三节　稳定的不稳定——边缘性人格障碍　　　044
　　第四节　躁狂与抑郁交替上演——双相障碍　　　048
　　第五节　每个人都是"两面派"——轻微分裂　　　055

第三章　自己何必难为自己——对抗的人格面具
　　第一节　纠缠不清的两股势力——强迫症　　　　063
　　第二节　爱恨交织的情感纠葛——矛盾型依恋　　070

第三节　我是父母的提线木偶——双重束缚　　　074

　　　第四节　病态的审美意识——完美主义者　　　079

　　　第五节　令人抓狂的选择犹豫症——决策困难　　　083

　　　第六节　为什么我们总是对自己不满意　　　087

第四章　表里如一真的行得通吗 —— 单一的人格面具

　　　第一节　单面人的苦楚　　　097

　　　第二节　人格障碍本就是面具单一　　　102

　　　第三节　偷窃是让父母难看的手段——冲动控制障碍

　　　　　　　105

第五章　挣脱束缚的牢笼——发作的人格面具

　　　第一节　谁偷走了你的快乐——抑郁症　　　113

　　　第二节　无病呻吟的心理病症——焦虑症　　　122

　　　第三节　更彻底的人格分裂——癔症性精神障碍　　　125

　　　第四节　身在曹营心在汉——游离的人格面具　　　129

第六章　主导面具与潜在面具的拉锯战——面具干扰

　　　第一节　为何总是事与愿违　　　135

　　　第二节　失误是无意识的目的——自我拆台　　　139

　　　第二节　控制不住的强迫性恐惧　　　143

　　　第四节　心理问题的躯体化——心身障碍　　　148

第七章　所有的人际互动都是面具互动——投射

　　　第一节　幻觉是压抑的延伸　　　159

第二节　鬼是压抑的面具投射到空气中的结果　163

第三节　自编自导的假性互动　166

第四节　女人的直觉很准吗——强大的投射性认同　170

第五节　用进废退的面具——面具转移　173

第八章　面具≠假面具

第一节　假作真时真亦假——伪装者的面具　181

第二节　每个人心里都住着一个演员　185

第三节　分裂的心与身——面具混乱　189

第四节　迷恋病人角色——做作性障碍　193

第九章　心理障碍的治疗：面具重建技术

第一节　面具治疗的关键环节：面具分析　200

第二节　面具单一和面具分化不良的治疗手段：分化　211

第三节　面具疏离、分裂和压抑的治疗手段：整合　217

第四节　面具发作、干扰和投射的治疗手段：安置　225

第五节　面具的新建　230

第一章

了解人格面具的秘密——认识你自己

人格面具理论认为，人格是由人格面具构成的，每个人都有许多人格面具，每一个人格面具都有适宜的情境。**人格就是一个人所拥有的人格面具的总和，而一个人格面具就是人格的一个侧面，或者"部分"，也称子人格或亚人格。**

传统心理学把心理现象分解为感觉、知觉、记忆、思维、意志、情感等心理元素，而人格面具理论认为，心理现象除了这些心理元素（即"个别心理现象"）之外，还有"整体心理现象"，它们是人性、人格和人格面具。人性是由一个个活生生的人的人格构成的，而人格是由一个人在不同的情境中的表现（即人格面具）构成的。

人格面具之间的关系错综复杂，可以是友好的，也可以是疏离的，或者对立的。对立会导致分裂和压抑，而压抑会导致发作、干扰和投射。这意味着，面具关系友好，则人格统一，心理健康；面具关系疏离或对立，则人格不统一，心理不健康。**心理障碍本质上就是面具疏离、对立，不友好。**

人的心理活动都是通过特定的情境表现出来的。所以，一切心理活动都是人格面具的显现。同样，一切心理障碍都是面具障碍。因此，**心理咨询和心理治疗就是对人格面具进行处理或重建。**

第一节　人格面具理论

人格面具（persona）一词最早由荣格提出，意指人在社会交往过程中形成的行为规范或模式。它是社会化和社会适应的产物。

荣格把人的心理活动分为意识、个人无意识和集体无意识。集体无意识是家族、种族乃至全人类的心理活动的总汇，也就是人性。它由许多原型构成，最主要的原型是自我和自性、阿尼姆斯（女子身上的少量男性特征）和阿尼玛（男子身上的少量女性特征）、人格面具和阴影（shadow）。**阴影相当于人的动物性，人格面具就是人的社会性。**

人是社会的动物。人一出生就会与他人发生联结，第一个联结对象通常是母亲。婴儿把母亲的音容笑貌刻印在脑子里，形成最原始的"妈咪面具"。与此同时，他把与母亲互动的经验记录下来，形成"宝宝面具"。宝宝面具是自己用的，属于主体面具；妈咪面具是用来识别、评估和预测母亲的，属于客体面具。随着年龄的增长，认识的人越来越多，客体面具不断增多，主体面具也相应地增多。**成长就是不断形成新的人格面具的过程。人格面具越多，人格越丰富多彩，越能适应各种不同的环境，顺利地与各种各样的人打交道。**

一个人格面具就是人格的一个侧面，或者人格在时间线上的一个截面，通俗地讲，就是一个人在某个时段的心理表现。它本身就是一个完整的人，只是没有过去和将来。此时他用了这个人格面具，过去和将来他可能会用别的人格面具。所以，人格面具具有与人格相同的结构和内容。它是知、情、意的统一，有自己的人格倾向和人格特征，如需要、动机、兴趣、爱好、能力和性格等。再具体一点，每个人格面具都有自己的名字、性别、年龄、性格、爱好、行为方式、打扮习惯和外貌特征。

说起人格面具，人们自然就会想到"假面具"，并且对人格面具后面的"真面目"特别感兴趣。其实，人格面具没有真假之分，只有公开、隐私和独处之别。在公共场合使用的是公开面具，在私人场所使用的是隐私面具，在独处的时候使用的是独处面具。

人格面具理论认为，人格是由人格面具构成的。人们在不同的场合使用不同的人格面具，表现出不同的人格特质和人格类型。例如，一个人在朋友面前能说会道，在领导面前噤若寒蝉，他到底是开朗还是拘谨？外向还是内向？我们只能说，他在朋友面前开朗、外向，在领导面前拘谨、内向。每个人都有许多人格面具，以适应不同的交往对象。适应能力越强、心理越健康的人，人格面具越多，人格越丰富多彩。

人格面具多，说明"分化"比较好。但是，这不是心理健康的唯一条件。还有一个条件，就是整合。如果人格面具之间是疏离的，人格就会支离破碎，像一盘散沙。这样的人，一会儿一个主意，反复无常。刚刚做了一个重要的决定，过一会儿就反悔，常常出尔反尔、言而无信。如果人格面具之间是互相对立的，就会内心冲突不断。这样的人往往都有决策困难。因为他的一部分人格面具想做某件事，而另一部分人格面具不想做这件事，双方意见相左，无法达到一致。或者，一部分人格面具正在努力地做某件事，而另一部分人格面具暗中捣蛋，结果身不由己，事与愿违。这些都是心理不健康的表现。**心理健康的人，人格面具之间是和谐融洽、协调友好的。**

要想了解一个人的人格，最好的办法是查清他的所有人格面具。然而这是不可能的，因为工程太大了。比较实际的做法是，用使用频率最高的几个人格面具来描述人格。这样的人格面具称为"主导面具"。主导面具可以是一个，也可以是两三个，或者四五个。采用面具技术做心理咨询，一般都能查出十几个人格面具。多的有三四十个，这还不是全部。

大多数人所理解的"假面具"，通常是指与主导面具不太统一的人格面具，而所谓的"真面目"基本上就是指主导面具。换句话说，人格面具的真和假，取决于它与主导面具之间的关系。与主导面具亲密、友好的，就是真面具；与主导面具疏离或者对立的，就是"假面具"。

第二节 人格面具的种类

为了便于研究,有必要对人格面具进行分类。人格面具可以按适用场合的不同而分为公开面具和隐私面具;按人格面具本身的复杂程度而分为人物面具、角色面具、原型面具;按人格面具是否正常而分为正常面具和病态面具;按年龄不同可分为儿童面具和成人面具;按性别不同可分为男人面具和女人面具;按人格面具的形成方式和作用的不同可分为主体面具和客体面具;按面具是否常用可分为主导面具和非主导面具。

1. 公开面具和隐私面具

人格面具可以按适用场合的不同而分为公开面具和隐私面具。具体地,公开或隐私面具又分为外交面具、职业面具、社交面具、朋友面具、家庭面具、夫妻面具和独处面具。

外交面具适用于非常正式的外交场合和外事活动,以及谈判、调解等。它有非常严格的行为规范,不能马虎,不能感情用事。

职业面具是工作情境中的人格面具。如果一个人的职业是国家干部、军人、警察、外交官、谈判专家或间谍,那他的外交面具和职业面具就没有区别了;而对于其他人来说,外交面具和职业面具是有明显区别的。外交面具比职业面具更正式、更隆重、更庄严、更刻板、更仪式化。当然，职业面具本身也存在着正式程度的差别。例如，公务员面具相对正式一些，服务员面具随意一些，社区工作人员面具就更随意了。

社交面具是指人在社交场合和社会活动中所使用的人格面具。如果一个人的职业是"社会工作者"，那他的社交面具就是职业面具；对于其他人来说，社交面具比职业面具要随意一些，但仍需要注意自我形象。

朋友面具就是和朋友在一起时所使用的人格面具，比社交面具更加随意。有的人认为，和朋友一起是最轻松的，比在家人面前更加放得开。有些话不能跟家人和配偶说，却可以在朋友面前畅所欲言。

家庭面具就是和家人，尤其是父母、兄弟姐妹以及子女在一起时所使用的人格面具。夫妻面具是家庭面具的组成部分，但与其他家庭面具有明显的区别。因为涉及性，所以更加隐秘，更加亲密。

独处面具就是一个人独处时所使用的人格面具，因为没有别人，可以无拘无束，自由自在，有些孩子气的行为都会表现出来。一个人独处的时候最放得开，所以许多人把独处面具理解为"真我"，或者"真面目"。其实，独处面具顶多只能算是一个人的"儿童我"，绝非成年期的真我。儒家讲"慎独"，说明独处的时候仍然要遵守某些社会规范。需要注意的是，有的人没有独处面具，因为他无法独处。一旦独处就会浑身不自在，必须随时都有别人陪伴。这也说明，**独处面具不等于真我**。

2．人物面具、角色面具和原型面具

按人格面具本身的复杂程度可分为人物面具、角色面具和原型面具。

人物面具对应于某个具体的人，可以是现实生活中的人，如父母、兄弟姐妹。也可以是从没见过面的人，如秦始皇、韩信。甚至可以是根本不存在的人，如贾宝玉、李云龙，或者是"卡通人物"，如机器猫、喜羊羊。这些人物本身就有许多人格面具，在不同的场合有不同的表现，所以人物面具是不纯净的，属于复合面具或组合面具，可以再分为更单纯的角色面具或原型面具。换句话说，人物面具是角色面具和原型面具的组合。

相对来说，角色面具要纯粹一些，它与角色相对应，只适用于特定的场合。角色面具一般分为职业面具、家庭面具和社会面具。职业面具就是与职业或工作相对应的人格面具，适用于工作场合，例如教师面具、医生面具、警察面具等。家庭面具就是在家里使用的人格面具，例如父亲面具、母亲面具、儿子面具、女儿面具、丈夫面具、妻子面具等。社会面具是指除职业面具和家庭面具之外的角色面具，例如顾客面具、朋友面具、英雄面具、小偷面具等。

原型面具是更纯粹的人格面具。一个原型面具只有一种功能，而且是非常重要的功能。不同的原型面具互相组合而产生角色面具和人物面具。

弗洛伊德认为，父亲、母亲、孩子是最基本的社会角色。三者构成最基本的社会结构（即核心家庭），其他社会结构和组织都是它的翻版。例如一个单位里有正副领导和一群员工，最小的组织也有组织委员、宣传委员和普通成员。所以，可以把父亲面具、母亲面具和孩子面具列为原型面具。需要注意的是，这里所说的父亲、母亲与现实生活中的父亲、母亲有很大的区别，它们是抽象的。父亲面具的特点是疏离、独立、放任、信任、责任，母亲面具的特点是亲密、依赖、管束、干涉、控制。在行为塑造方面，父亲面具倾向于惩罚和止恶，母亲面具倾向于奖励和扬善。父亲面具内化而形成良心，母亲面具内化而形成自我理想，两者共同构成超我。

奥地利精神分析学家梅兰妮·克莱因（Melanie Klein）认为，最基本的社会角色不是父亲、母亲、孩子，而是好父母、坏父母、好孩子、坏孩子。好父母分两种：爱心大使和明君。爱心大使会给孩子无条件的爱，也就是说爱心大使既鼓励善，也鼓励恶，所以孩子不管做什么，他都会支持。在别人看来，爱心大使扬善扬恶。爱心大使和明君都是好父母，区别在于，前者是无条件的、扬善扬恶的；后者是有原则的、惩恶扬善。坏父母也分两种：恶魔和昏君。恶魔是不管孩子做什么，或者什么也不做，他都予以打击。也就是说恶魔既打击善，也打击恶，惩善惩恶。恶魔和昏君都是坏父母，区别在于，前者全部打击、惩善惩恶；后者是非颠倒、惩善扬恶。

相应地，好孩子也有两种：幸运儿和讨好者。幸运儿趋善又趋恶，讨好者趋善避恶。幸运儿自我感觉好，讨好者希望别人说他好。坏孩子也有两种：苦命人和叛逆者。苦命人避善避恶，叛逆者趋恶避善。苦命人自我感觉不好，叛逆者希望别人说他不好。具体地，苦命人又可分成两种：一种叫"弃婴"，主要是缺爱；一种叫"受害者"，主要是受到"虐待"。两者都有办法自保，例如讨好，或者反抗。一般说来，弃婴比较倾向于讨好，受害者比较倾向于反抗，这样就派生出"讨好者面具"和"叛逆者面具"。如果讨好和反抗成功了，则会进一步派生出"幸运儿面具"。

3. 正常面具和病态面具

从临床角度考虑，可以把具有精神病或神经症等病理特征的人格面具列为病态面具。病态面具分为类精神病面具、类神经症面具、类人格障碍面具、类性变态面具等。

类精神病面具包括单纯型面具、青春型面具、偏执型面具、紧张型面具、躁狂面具、抑郁面具等。

类神经症面具包括焦虑面具、恐惧面具、强迫面具、躯体化面具、神经衰弱面具等。

类人格障碍面具包括分裂面具、偏执面具、回避面具、依赖面具、强迫面具、自恋面具、表演面具、反社会面具、边缘面具、被动攻击面具等。

类性变态面具包括易性癖面具、同性恋面具、恋物癖面具、施虐狂面具、受虐狂面具、窥视癖面具、暴露癖面具等。

4. 儿童面具和成人面具

按年龄的不同，可以把人格面具分为儿童面具和成人面具。还可以把儿童面具进一步分为婴儿面具、幼儿面具、儿童面具

（学龄期）、青少年面具；成人面具也可以进一步分为青年面具、中年面具、老年面具。

儿童面具的特点是天真无邪、童言无忌、自我中心、情绪化、人际界限不清、"黑白分明"（把人分为好人和坏人，也就是理想化和妖魔化）。成人面具的特点是节制、理智、客观、中立、人际界线清楚。因此，成人面具适合在公开场合使用，儿童面具不适合在公开场合使用。

按精神分析的观点，儿童面具就是病态面具，儿童面具和病态面具之间具有对应关系。例如，婴儿面具对应类精神病面具，刚出生的婴儿都是精神病；幼儿面具对应于人格障碍面具，学龄期都变成了人格障碍；青少年面具对应于类神经症面具，青春期变成了神经症；到了成年期才都变成正常人。这意味着，心理障碍是儿童面具跑到前台控制了整个人格的结果。

5．男人面具和女人面具

按性别的不同，可以把人格面具分为男人面具和女人面具。每个男人都有女人面具（荣格称之为"阿尼玛"），每个女人都有男人面具（荣格称之为"阿尼姆斯"）。男人面具和女人面具通常由父亲面具和母亲面具演变而来。一个人的"性度"是由男人面具和女人面具的比例决定的，男人面具越多越"男性化"，女人面具越多越"女性化"，两者一样多就是"中性化"。

对于男人来说，男人面具是外显面具，女人面具是内隐面具。**女人面具除了平衡性度之外，还有一个非常重要的作用，那就是"择偶标准"**。他会以内在的女人（女人面具）为标准选择对象。

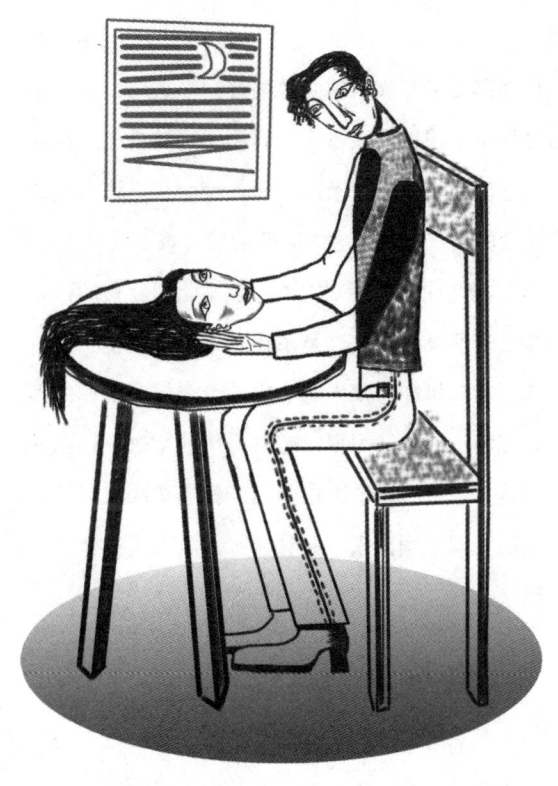

每个男人都有女人面具(荣格称之为"阿尼玛")

对于女人来说,女人面具是外显面具,男人面具是内隐面具和择偶标准。

6. 主体面具和客体面具

按人格面具的形成方式和作用的不同,可以分为主体面具和客体面具。

主体面具是通过实践或身体力行而形成的,是个体在与他人互动的过程中自己的言谈举止和思想感情的内化。例如,一名服务员,在学习和工作中渐渐形成服务员面具。这个服务员面具就是他的职业面具,到了上班时间就会自动戴上这个人格面具。

客体面具是通过观察别人的言谈举止而获得的,是互动对象的行为和心理活动的内化,是用在别人身上以便识别、评估和预测别人的行为。例如,某人的上司是一个很有个性的人,有非常突出的心理特征和生活习惯。在与上司的接触中,当事人形成了"上司面具"。有了这个人格面具,就能在熙熙攘攘的人群中轻而易举地把上司识别出来,并且能够预测上司在什么情况下会有什么表现。

7. 主导面具与非主导面具

每个人都有许多面具,有些经常用,有些很少用,经常用的就是主导面具。一个人的人格主要是由主导面具所决定的,所谓"真我",也就是主导面具。主导面具可以只有一个,也可以有好几个。

从某种意义上讲,主导面具等于面具错用。因为成为主导面具，就意味着这个面具已经超出了适用范围，侵入了其他面具的领地，在本来应该选用其他面具的场合依然使用了这个面具。但是，如果别人不在意，不伤害别人，没有导致人际冲突，错用一下也无妨。

第三节 人格面具的形成和转化

1. 人格面具的形成

人格面具主要是通过内化和实践两种方式形成的。**内化也称模仿，就是把他人的音容笑貌、言谈举止乃至思想感情记录下来，形成客体面具。实践，就是通过身体力行把自己的言谈举止和思想感情记录下来，形成主体面具。**

刚出生的婴儿没有人格面具，只有"阴影"，因为他还不是社会人。出生以后，他得到了别人的照顾，通常是母亲。在和母亲接触的过程中，他把母亲的音容笑貌和言谈举止进行内化而形成"妈咪面具"（即客体面具）。与此同时，他把与母亲互动过程中形成的行为模式记录下来，形成"宝宝面具"（即主体面具）。

母亲对待婴儿的方式和对待别人的方式是明显不同的，"妈咪面具"只是母亲的一个人格面具，而不是全部。妈咪面具是为宝宝量身定做的，在和宝宝的互动中不断地自我调整，以适应宝宝。

到六个月的时候，孩子开始认生，说明妈咪面具已经非常强大，他能轻而易举地把母亲和陌生人区别开来。同时，他用妈咪面具预测母亲的行为，如果母亲的表现不符合妈咪面具的一贯作风，孩子就会哭闹。

有了妈咪面具，就会有"非妈咪面具"。妈咪面具是确定的、可以预测的，非妈咪面具是不确定的、无法预测的。所以，当母亲使用非妈咪面具时，孩子会感到不安，甚至恐慌。按客体关系理论，妈咪面具就是好母亲或好客体，非妈咪面具就是坏母亲或坏客体。人有避苦趋乐的倾向，孩子保留妈咪面具，排斥非妈咪面具，并把非妈咪面具投射到外界。这就是分裂（妈咪面具和非妈咪面具）、压抑（排斥非妈咪面具）和投射。

随着年龄的增长，孩子会认识一些小朋友及他们的母亲。从而形成"小朋友的母亲面具"。小朋友的母亲面具和自己的妈咪面具相结合，形成角色性的"母亲面具"。妈咪面具是具体、形象、生动、个别的，角色性的"母亲面具"是抽象、概括、概念化、一般的。妈咪面具是人物面具，母亲面具是角色面具。这说明，**人格面具的形成遵循从个别到一般、从具体到抽象、从人物面具到角色面具的规律**。其他人格面具的形成也是如此，譬如医生面具，总是从某个具体的、给自己看过病的医生开始，形成某某医生面具。后来认识的医生多了，互相混合、抽象，形成角色性的医生面具。

人格面具都是成对形成的，一个客体面具和一个主体面具互相对应。例如，有一个老师面具，就会有一个学生面具；有一个医生面具，就会有一个病人面具。如果老师面具是客体面具，那么，学生面具就是主体面具；反之亦然。

2. 人格面具的转化

一般说来，客体面具是用在别人身上的，主体面具是自己用的。但是，客体面具和主体面具可以转化。**把客体面具变成主体面具，称为"认同"**。弗洛伊德区分了三种认同，即丧失认同、权威认同、与迫害者认同。

丧失认同是指一个相处较长时间的客体突然消失或去世，当事人会变得像那个客体。其原理是，在相处的过程中，当事人把对方内化，形成客体面具。现在对方不在了，原本由他承担的工作被搁置起来了，当事人不得不把客体面具转化为主体面具。即戴上对方的人格面具，代替对方行事。

权威认同是指，把权威或崇拜对象内化，形成客体面具。在特定条件下把客体面具变成主体面具，用在当事人身上，像权威那样行事。如果权威喜欢别人复制自己，就会鼓励当事人模仿他，从而促成权威认同；如果权威不喜欢被复制，禁止当事人模仿自己，则会抑制权威认同。

与迫害者认同是指，一个人在受到别人伤害的情境中，会同时形成一个迫害者面具和一个受害者面具。迫害者面具是客体面具，受害者面具是主体面具。如果受害者面具很强，"心甘情愿"当受害者，拒绝被解救，就叫"斯德哥尔摩综合征"或"人质综合征"。在特定的条件下，迫害者面具会转化为主体面具，受害者戴上它，像迫害者那样去伤害别人，这叫"与迫害者认同"。与迫害者认同和斯德哥尔摩综合征是不同的，但可以并存，表现为一边臣服于迫害者，一边像迫害者那样迫害别人。

喜欢是认同的一个影响因素。如果非常喜欢客体，不等他丧失，就会出现认同，这就是通常所说的"模仿"。追星现象和权威认同就属于这种情况。不过，权威认同复杂一些，如果权威不允许别人模仿，模仿权威会与权威发生冲突，或者遭到别人的非议，则会妨碍权威认同。

不喜欢会抑制认同的发生，导致不认同，甚至反向认同。例如，父亲是一个很独裁、很暴虐、不恋家的人，孩子长大了却变得很民主、很温和、很恋家。反向认同非常普遍，但不是好现象。反向认同意味着面具的分裂和压抑。当事人有一个客体面具，因为不认同，所以没有转换成主体面具，一直搁置不用，但它没有因此而消失。他会发展出一个与之相反的面具，作为主体面具来使用。这两个面具互相对立，互相对抗，一个表现在外，一个处于压抑状态。与反向认同相比，与迫害者认同似乎更加可取，因为它接纳了不喜欢的面具（迫害者），把不喜欢的面具整合了。

面具没有好坏。每个面具都有存在的理由，都有适用的情境。只要用得恰当，都是好的。所以，不应该排斥任何一个面具。**应该接纳所有的面具，不管是自己喜欢的，还是不喜欢的；不管是权威，还是迫害者。**

另外，主体面具也可以转化为客体面具。主体面具转化为客体面具之后，就会投射到别人身上，以为别人和自己有一样的内心感受和心态，像要求自己那样要求别人，像对待自己那样对待别人，以己之心度他人之腹。

投射就是预期或期待。 许多家长把自己未完成的使命转嫁给孩子，要求孩子为自己争光就属于这种情况。有些孩子真的按父母的要求做了，最后变成父母所期待的样子，遂了父母的心愿，这叫投射性认同，也就是"期待效应"。这说明，期待也是人格面具形成的一种方式。

绝大多数父母对孩子都是有所期待的，只是有的有意识，有的无意识罢了。有些父母，孩子还没出生以前，就想象孩子是什么样子，将来会怎么样，事先为孩子绘制了蓝图。通过期待效应，孩子接受了父母投射过来的客体面具（对孩子来说是主体面具）。

除了把主体面具投射给孩子以外，父母有时候也会把某个客体面具投射给孩子。例如，母亲有个和她关系比较密切的小弟弟，后来自己有了儿子，就以对待弟弟的方式对待儿子。如果儿子适应了母亲的方式，就会越来越像小舅。这意味着，一个不在场的人也会对面具的形成产生影响。

人格面具是人格的组成部分。人格是整体，人格面具是局部。当人格的一部分被划分出来形成一个人格面具时，剩下的部分就是另外一个"潜在的面具"。所以说，有一个面具，就会有一个与之相反的面具。有一个幸运儿面具，必有一个苦命人面具；有一个爱心大使面具，必有一个恶魔面具。

每一个面具,都会存在一个与之相反的面具

第四节　错综复杂的人格面具关系

每个人都有许多人格面具。人格面具之间的关系错综复杂，主要有以下几种：

1. 相似

从理论上讲，任何两个人格面具都有共同之处，都有一定程度的相似性。所以，相似和不相似是相对的。同事面具和同学面具就很相似，朋友面具和敌人面具就不那么相似了。

相似的人格面具可以混合成为一个一般化的人格面具。例如两个哥哥面具（人物面具）合成一个哥哥面具（角色面具），许多妈妈面具（人物面具）合成一个妈妈面具（角色面具）。

相似的人格面具可以互相代替，例如孩子面具和学生面具、家长面具和老师面具、朋友面具和同事面具。从某种意义上讲，这样的代替就是面具错用。如果两个人格面具非常相似，错用也无妨。如果差别很大，就会导致不良的后果。例如，一名领导干部下班回到家里，还当自己是领导，对家人颐指气使，发号施令，家人很受不了。遇到这种情况，就要注意人格面具的分化了。分化就是同中求异，识别相似人格面具之间的微妙差别。

2. 相反

细究起来，相反可分为三种情况：正好相反，两个人格面具没有任何共同之处，它们刚好把整个人格一分为二；部分相反，说明两个面具有相同或重叠的部分，这种情况其实就是相似，换句话说，从共同的部分看，就是相似，从不同的部分看，就是相反；两极分化，说明两个人格面具都只摄取了人格的小部分，没有把整个人格瓜分完。剩下的部分就是第三、第四个面具。

严格地讲，正好相反是极为罕见的，因为面具的"制造"不可能那么精细、严密，比较常见的是部分相反和两极分化，或两者的混合。

3. 互补

互补一词有两种含义。一是两个人格面具可以协同作战、互相组合，从而形成一个更具体、更个别的人格面具，例如几个原型面具合成一个角色面具，或者几个角色面具合成一个人物面具。互补的人格面具通常都是友好的，因为友好，所以可以合作。互补的另一个含义是对应，或者对偶。就是一个主体面具和一个客体面具，它们同时形成，互相配对，可以顺利互动。例如老师面具和学生面具、医生面具和病人面具。对应面具可以是友好的，也可以是不友好的。老师面具和学生面具是友好的，警察面具和罪犯面具就是不友好的。

4. 友好

心理健康的标志之一是人格统一，也就是人格面具之间关系友好，较少疏离和对立。但是，疏离和对立是不可避免的。所以，友好也是相对的，只要能够和平共处就可以了。

一般说来，相似的人格面具关系会友好一些。因为有共同之处，不容易发生冲突，而共同之处越多，关系越密切。但是，再相似的面具也有不同之处，而这些不同之处就是冲突的根源。

人格统一的人做决定一般都比较容易，因为各个人格面具的意见比较接近。即使意见不一致，也能达成共识。所以，一旦做出决定，就会坚定地执行下去。

5．疏离

疏离是指两个人格面具失去联系，各自为政。

正常情况下，不同的人格面具之间既有联系又有区别，这叫"分化"。如果区别太大、联系太少，就叫"疏离""分离"或者"分裂"。疏离的人格面具常常轮流出场。当A面具出场时，B面具就会躲到幕后。反之，当B面具出场时，A面具就会躲到幕后。这样的人前后不一、变幻无常，人格不稳定，常常草率地做出决定，过一会儿又反悔。

有时候，疏离是客观原因引起的。例如，有两个人从来没有碰过面，我把这两个人内化而形成客体面具，这两个客体面具就是疏离的，与之相应的两个主体面具也是疏离的。再如，在某个人生阶段形成一个人格面具，到了下一个人生阶段又形成另一个人格面具。这两个人格面具在时间上没有重叠，没有机会同时出场，所以是疏离的。

除此之外，疏离还有一个原因，就是创伤。当一个人遭遇创伤时，创伤体验和当时的行为表现就会形成一个人格面具。创伤过去以后，这个人格面具就没有机会使用了。它被"隔离"了，与整个人格没有多少联系。如果再次遭遇创伤，这个人格面具会被重新激活。如果这个人格面具比较强大，即使没有外界刺激，也可能会自我激活，出现各种"分离症状"，例如失神、闪回、神游、双重人格。

6. 对抗

疏离的人格面具如果同时出场，必然会互相对抗，导致自我冲突和内心矛盾。人格面具理论认为，**所有的心理冲突都是面具冲突。**

从理论上讲，两个人格面具，相同的部分越少，不同的部分越多，越容易出现对抗。但是，如果两个人格面具没有任何相同之处，例如完全相反和两极分化，反而不会发生对抗，因为它们没有机会同时出场。由此推断，对抗的人格面具必有共同之处。这是处理面具对抗的一条思路，即有共同之处，就有可能达成共识，化敌为友。

第五节　人格面具是人际交往的产物

人格面具有两个作用，一是自己用，二是用在别人身上。自己用，就是换上某个人格面具，把整套行为模式激发出来，像"某人"那样行事。用在别人身上，就是投射，以便识别别人，预测别人的行为。

一般说来，主体面具是自己用的，客体面具是用在别人身上的。但是，由于主体面具和客体面具可以互相转换，所以主体面具也可以用在别人身上，客体面具也可以自己用。主体面具用在别人身上也称投射，客体面具自己用就是认同。

人格面具的使用通常都是无意识的。也就是说，人们总是不假思索、不由自主地换上某个人格面具，自己都说不清楚为什么会这样。但是，通过观察研究，还是能够发现其中的规律。

1. 主体面具的使用

首先，人格面具都是在特定的情境中形成的。在这种情境中，自己的言谈举止内化，而形成主体面具。以后遇到相同的情境，这个人格面具就会被激发出来。这说明，情境具有激发人格面具的作用。换句话说，情境就是人格面具的激发因素。人是根据情境调用人格面具的，只是自己意识不到而已。

情境由许多细节构成。有些细节对人格面具的激发作用比较大，有些比较小。当所有的细节都具备时，人格面具肯定会被激发出来。如果只有部分细节存在，则人格面具可能会被激发出来，也可能不会被激发出来，这取决于细节本身的作用大小。不同的情境可能具有相同或相似的细节，这是面具错用的主要原因。

其次，人格面具是人际交往的产物，是在人际互动中形成的。面对不同的人，就会有不同的表现。遇到老师，就会使用学生面具；遇到可怜的人，就会使用拯救者面具；遇到坏人，就会使用受害者面具，或者英雄面具。换句话说，我们是根据别人的表现选择人格面具的。

最后，期待效应也是面具使用的一个条件。当别人对我有所期待的时候，就是把一个人格面具用到我的身上。如果我"错用"了人格面具，我的行为就会不符合他的期待，导致交往不顺畅。如果我使用他投射过来的人格面具，我的行为就符合他的期待了，交往就会比较顺利。交往顺利是对"正确"使用人格面具的奖励和强化。

2. 客体面具的使用

客体面具的使用主要是被对方的某种特征所激活，社会心理学中称之为"第一印象""图式识别"或"光环效应"。也就是凭很少的线索，譬如长相、气质、装扮，快速判断对方是一个什么样的人。这样的判断可能是正确的，也可能是错误的。如果是错误的，就是面具错用，会导致交往不畅。一旦发生交往不畅，我们就会重新选择客体面具，直到选对为止。

此外，人格面具的使用还有一种情况，就是自我激发。当一个人格面具非常强大时，即使没有外界刺激，也会自己冒出来，从而导致面具错用。强大的人格面具通常就是主导面具，它的使用频率很高，用起来得心应手。结果就被滥用了。它也可能是一个被压抑的人格面具，通常与创伤有关，由于聚集了巨大的能量，不分场合地冒了出来，出现"分离症状"。客体面具的自我激活，除了引起"错认"以外，更严重的后果是产生幻觉，仿佛把客体面具投射到空气中，看到了一个并不存在的人，或者影子。

了解了面具如何使用之后，就可以有意识地调用人格面具了。例如，参加一个聚会，事先知道自己将扮演什么角色，就可以有意识地使用与角色相应的人格面具，甚至可以带上几件"道具"。有时候，我们还会有意识地"错用"人格面具，以达到"印象控制"的目的。例如，有的人为了给别人留下某种印象，故意乔装打扮、浓妆艳抹。还有一位社交恐惧症患者，咨询师建议他使用"便衣警察面具"。结果，他的症状明显减轻。

有意识地使用人格面具，是面具治疗的一种技术。它具有释放人格面具的能量，避免自我激活，消除"分离症状"和幻觉的作用，同时还可以帮助来访者建立一个新的人格面具，因为人格面具的创立和演练就是有意识的面具使用。

第六节 所有的心理障碍都是面具障碍

任何一种心理活动都是在特定的情境中通过人格面具表现出来的。因此，心理活动就是面具显现，心理障碍也是如此，所有的心理障碍都是面具障碍。面具障碍主要有三类：面具外障碍、面具间障碍、面具内障碍。

1. 面具外障碍

面具外障碍是指，面具本身是正常的，但在使用的过程中发生了错误。例如，某人在一次官方会议上遇到一位老同学，他喜出望外，立即冲上前去跟老同学打招呼。结果发现对方非常冷漠。后来才知道，老同学今天是以副市长的身份参加会议的。

面具错用的原因主要有：面具过强，容易被滥用，大部分主导面具就是如此。情境含糊，线索不清。不知道应该用什么面具，只好用主导面具胡乱对付一下；还是情境含糊，导致识别错误，用了自以为正确、其实是错误的面具；双重线索，例如去朋友的店里买东西，不知道该用朋友面具还是顾客面具，任选一个，结果出错。

还有一种比较特殊的情况，某个面具积聚了大量的能量，结果"一碰就着"。这种情况可以用来解释心理障碍的发作。能量积聚是因为面具不被认可，一直处于压抑状态。这样的面具通常与创伤有关，是心理创伤遗留下来的阴影或疤痕。如果能量太大，可以自我爆发；如果能量稍低一点，可以一触即发。这个触动点也叫"扳机点"，是人格面具的导火线。它可能在面具形成的时候就预埋下来了，是创伤情境的一个部分。以后再遇到这样的情境或线索，面具就会被激发。如果能量不大，这样的扳机点是不足以激活一个面具的。

2. 面具间障碍

面具间障碍是指，面具之间界线过清或者不清，从而导致心理障碍。面具间障碍主要有两种：一种是分裂，也称分离，就是两个面具失去了联系，各自为政；另一种是融合，面具之间失去界线，合二为一。

分裂会导致对抗，"有你没我，有我没你"，这种情况常见于强迫症和边缘性人格障碍。对抗导致压抑，其中的一个被排挤到无意识里。压抑的结果是：面具单一，变成弗洛姆所说的"单面人"；被压抑的面具偶尔冒出来，导致心理障碍发作；被压抑的面具暗中捣乱，干扰正常的心理活动；压抑的面具被投射到别人身上。

融合也会导致面具单一，不管在什么场合，表现都一个样。许多人不了解人格面具理论，认为人在不同的场合使用不同的面具是自我不统一、表里不一致、虚伪、不真诚的表现。事实上，过分表里一致根本无法适应多元化的现代生活。

融合又分几种情况，一是两个面具完全融合，二是一个面具

"吞没"了另一个面具。完全融合之后,新的"复合"面具适用于两种情境,或者两种情境都不是很适用。一个面具"吞没"了另一个面具,前者就可以取代后者,导致面具错用和滥用。

3. 面具内障碍

面具内障碍是指,一个面具多了或者少了某种成分,前者叫"面具异常",后者叫"面具缺陷"。冲动控制障碍、进食障碍、性变态、强迫症、恐惧症、焦虑症都属于面具异常;精神发育障碍、学习障碍属于面具缺陷。

面具异常也可以理解为两个面具同时出场,这种情况非常普遍。很多情况下,面具都是成对,甚至成组出来的,它们"各有所长",互相配合,共同应对复杂的情境。例如老师上课的时候,"主导面具"是教师面具,如果学生吵架,他就会立即换上"管理者面具"或"调解者面具";如果有一个学生哭了,他可能会换上妈妈面具前去安慰;后来发现这个学生是假哭,他被逗乐了,换上孩子面具,跟学生一起说笑。

由此可见,面具异常是相对的。如果标准很严,绝大多数人格面具都不正常。如果标准比较宽,细微的偏差可以被当作"个性"来看待,除非偏差太大,导致精神痛苦或人际冲突。面具缺陷也是如此。

治疗面具障碍的方法只有两种:分化和整合。分化主要针对融合,整合主要针对分裂。

分化不同于分裂,整合不同于融合。分裂是完全割断,失去联系;而分化是既有联系又有区别,对立统一,仿佛用虚线隔开,但没有完全断裂，也就是似断非断，似连非连，介于分裂和融合之间。

　　融合是合二为一，失去差别；而整合是在保持个性和独立性的前提下的结合和统一，也是似断非断、似连非连，介于分裂和融合之间。从某种意义上讲，分化就是整合。如果非要把它们区分开来，那就是分化略靠近分裂，整合略靠近融合，分裂、分化、整合、融合形成连续谱。

第二章
你方唱罢我登场——分裂的人格面具

面具和面具之间既有联系，又有区别。如果失去了联系，就叫分离或者分裂。分裂的面具通常轮流上场，即一个面具在场时，另一个面具暂时受到压抑。过一段时间或者换了一个情境后，另一个面具上场，而原先的面具退到幕后。有时候分裂的面具会同时上场，各行其是或互相对抗，给人一种"分裂"的感觉。分裂的面具也可能不止两个，而有好几个，令人眼花缭乱。面具分裂见于多重人格、精神分裂症、边缘性人格障碍、双相障碍等。

多重人格和多重性格是两个概念。**多重人格是分裂的产物，多重性格是分化的结果。** 每个人都有许多人格面具，为了适应环境，在不同的场合使用不同的面具，从而表现出多重性格。但是，这些不同的面具之间是有联系的，它们和睦相处，形成一个整体，就是一个人的"人格"。多重人格就不同了，各个面具之间失去联系，各自为政，无法形成整体。

面具分裂的主要原因有：独立形成，在时间、空间等方面与其他面具没有联系；差别太大，没有"共同语言"；也是差别太大，不但没有"共同语言"，而且"话不投机"，互相对抗，只好轮流上场，形影参商；精神分析认为分裂是创伤的结果，创伤会留下一个遇难者面具，这个面具太痛苦而被分裂出去或者封闭起来。

第一节 自己与自己的厮杀对决
——人格分裂

人格分裂也称分离性身份障碍（Dissociative Identity Disorder，DID），俗称双重人格或多重人格。病人有两个或多个"人格"，在不同的场合有截然不同的表现。当不同的"人格"出来时，表情、动作、话语都有明显的不同，而且每个"人格"都有自己的名字、年龄和性别特征。它们几乎就是完整的人，但共用一个身体。

法国心理学家皮埃尔·让内（Pierre Janet）认为，相反的观念处于对抗状态，一个兴奋，另一个就会受到抑制。当一个观念处于兴奋状态时，与之相似或有联系的观念也会兴奋起来；当一个观念受到抑制时，与之相似或有联系的观念也会受到抑制。相似和有联系的观念会构成"观念簇"。例如，当你在做数学题目时，有关的数学知识会被激活，而语文和物理知识会受到不同程度的抑制。如果某个观念是孤立的，与其他观念没有任何联系，那么当它兴奋时，其他观念全部受到抑制；而当其他观念兴奋时，它就彻底受到抑制。

为什么会出现孤立的观念呢？原因之一是，有些观念与别的观念本来就是格格不入的。原因之二是，它是不好的观念，不被

当不同的"人格"出来时,表情、动作、话语都有明显不同

自己所接受。例如,一个人遭遇了严重的创伤,不堪回首,就把它"隔离"起来,不与其他经历发生联系,以免由于"联想"作用而回忆起来,使自己陷入痛苦之中。因为与其他经历没有联系,所以很难被激活。但是它会被创伤情境所激发,这时候,与之没有联系的东西都会被抑制。如果时间很短,就叫"闪回"或"游离";如果时间比较长,就叫"出神"或"神游"。闪回、游离、出神、神游,统称"分离"或"解离"。如果创伤体验一直处于压抑状态,能量得不到释放,就会聚集起来。当它达到一定程度时,即使没有外界刺激,也会自我激活,自发或自动地出现分离症状。

致命 ID

美国电影《致命 ID》(*Identity*)的主人公就是多重人格,他杀了人,专家们在如何处置他的问题上存在意见分歧。一部分人认为应该判他死刑,一部分人则认为杀人者只是他的一个人格面具,如果判他死刑,对那些无辜的人格面具是不公平的,因为他们共用一个身体。与此同时,心理专家试图整合他的人格。于是,在一个风雨交加的夜晚,他的十一个人格面具相聚在坐落于荒郊野外的汽车旅馆,他们是:一对夫妇和一个小孩,女演员和她的保镖,一对恋人,一名警察(其实不是警察,而是罪犯,他杀了警察,然后假冒警察)押着一名犯人、一名妓女、一个旅馆老板(也是假冒的)。紧接着,夫妇、恋人、犯人、女演员相继被杀,活着的人陷入极度恐慌。后来,在心理专家的帮助下,保镖揪出了罪犯(假警察),与他同归于尽。妓女活下来了,并且改过自新，搬到另外一个城市。但是，她最终还是被人杀了，凶手是小孩。最后，小孩控制了身体，杀了心理专家和狱警，并越狱逃跑。

他的人格面具有男有女，有老有小，有自私的、邪恶的、懦弱的，也有勇敢的、冷静的、善良的，其中最邪恶、最阴险的是小孩，他是杀死前六个人的凶手。这六个人确有其人，四年前被他杀死在汽车旅馆里。他就是因为这起命案而被监禁并受到审判的。心理专家根据他的日记，猜测他是多重人格，并且误认为假警察（罪犯）是真正的凶手，所以请保镖帮忙。

小孩为什么杀了自己的父母？因为他的母亲是妓女，小时候经常虐待他。至于为什么杀父亲，电影没有交代，也许是因为父亲纵容母亲虐待他。

他杀了六个人，他们印入他的脑海，变成了六个人格面具。精神分析认为，一个人做了坏事，会受到良心的谴责。人格面具理论认为，杀了人之后，死者会被杀人者内化或"认同"，形成人格面具，在身体内部实施复仇计划。换句话说，不是良心在惩罚自己，而是死者"阴魂不散"，前来索命。

父母面具肯定早就存在，杀了父母，他们再次被内化。小孩是小时候的自己，另外四个面具不知道是怎么形成的，我们不妨推测一下。

妓女可能是母亲的另一面。任何人都不愿意承认自己的母亲是妓女，如果母亲真是妓女，就会被一分为二：一个母亲（好客体），一个妓女（坏客体）。他杀了母亲，是因为母亲曾经虐待他。他对妓女也没有什么好感，所以最后也杀了妓女。

他可能当过警察，所以会有警察面具和罪犯面具，具备杀人技能，精通反侦破技术。但是，他后来不当警察了，当了保镖。这个面具代表他内心正义的部分，与罪犯和假警察形成对比，这是面具分裂的表现。两者最后同归于尽，寓意深刻。

旅馆老板不是真老板。看样子也不是什么好人。很可能是一个流窜犯，杀了老板，然后冒充老板。在"整合"的过程中，他是被假警察（罪犯）杀掉的。

心理专家误以为六起命案的凶手是假警察，说明他被小孩利用了。也许，假警察是小孩的替身。一个小孩如果想做一番大事，只能幻想自己是个大人，因而虚构出这个人格面具。

如果心理专家不是企图揪出真正的凶手，而是帮助病人恢复人格的统一，后半场的杀戮也许可以避免，心理专家和狱警也不会遇害。**通过杀死人格面具来消除面具的分裂，只会加重分裂。**被杀的面具会死而复生回来报仇的。他的父母面具就是如此，四年前已经被杀，现在又出现在他的生活中，他不得不再杀他们一次。**真正的整合应该是让各个人格面具停止对抗，和睦相处。**

第二节　挣脱不开的幻觉——精神分裂

让内把人格分裂分为两种,一种是分子分裂,一种是原子分裂。分子分裂就是"分离性身份障碍",分裂出来的"人格"本身还是相对完整的。所以,当一个"人格"出场时,"自我"还是比较统一的,如果你不认识他,会觉得他很正常。原子分裂就不同了,分裂出来的是人格的"碎片",支离破碎,给人的感觉是乱七八糟、疯疯癫癫。精神分裂症就是如此。

精神分裂症有许多表现,最常见的是幻觉和妄想,其次是情感淡漠、思维贫乏、意志消退。但是,这些都是表面现象,其本质是"自我"的各个部分处于分裂状态,像一盘散沙,没有形成一个整体。

心理学家 R. D. 莱恩（Ronald David Laing）认为,精神分裂症病人的"子人格"本身并没有破裂,而是轮替太快,甚至同时出场,才给人造成破裂的感觉。他在《分裂的自我》（*The Divided Self: An Existential Study in Sanity and Madness*）一书中举了好几个这样的例子,其中一个名叫朱莉亚,女,十七岁,主要症状是指控她妈妈试图干掉她。

她说她母亲正在掐她,她母亲不会让她活着,她母亲从来就不想要她。

朱莉亚基本的精神错乱性言语是："有个孩子被谋害了。"

她说是她弟弟（现实生活中她没有弟弟）的声音告诉她这件事的，不过她也不敢断定这声音是不是她自己的。那孩子被害时穿着她的衣服，有可能就是她自己。她无法确知她是被自己还是被她母亲谋杀的，她准备报警。

莱恩认为，朱莉亚的"自我"分裂成好几个人格面具，她的"自我"就是这些人格面具的"集合"。在这个集合中有一个专横的"恶棍"面具，总是命令朱莉亚干这干那。

这个恶棍老是向莱恩抱怨："这孩子真讨厌，这孩子是废物，这孩子是个贱货，跟这孩子你别想干什么……"朱莉亚内部这一恶棍形象明显是一个"头儿"。"她"不大考虑朱莉亚，"她"不认为朱莉亚会变好，也不认为应该帮助朱莉亚变好。莱恩称这个人格面具为"内部的坏母亲"，她基本上是朱莉亚内部的一位女性迫害者。在她身上集中了朱莉亚归咎于她母亲的一切糟糕的东西。

第二个人格面具在莱恩面前充当朱莉亚的捍卫者，反对"头儿"的迫害。对于朱莉亚来说，"她"通常把朱莉亚看作她的妹妹。莱恩把这个人格面具看作"她的好姐姐"。

第三个人格面具是一位完善的、顺从的、善解人意的小姑娘。她会说："我是个好姑娘。我按时去洗手间。"

朱莉亚的"自我"是怎么分裂的？原来，从幼时到十七岁，朱莉亚一直保留着一个玩具娃娃，她在自己屋里为它穿衣打扮，一起做游戏，但家人并不知道其中的详细情况。这是朱莉亚生活中的秘密。朱莉亚把这个玩具娃娃叫作"朱莉亚娃娃"。她母亲认为朱莉亚应该放弃这个娃娃了，因为她已经是个大姑娘了。有一天，娃娃不见了，没有人知道是朱莉亚还是她妈妈把它扔掉的。朱莉亚指责她母亲，母亲否认并反而认为是朱莉亚自己弄丢的。此后不久，朱莉亚就听见有声音告诉她：一个穿她衣服的小孩被她妈妈打成了肉酱。对此，她还打算去报警。

玩具娃娃到底是朱莉亚自己扔掉的还是她母亲扔掉的，其实并不重要。这是因为对于这一阶段的朱莉亚来说，她"内部的妈妈"已经成为比外部的真实的母亲更为典型的破坏者。当朱莉亚说她"妈妈"扔掉了玩具娃娃，很有可能是说"内部的妈妈"扔掉了玩具娃娃。不管怎样，这一行动是灾难性的，因为朱莉亚显然十分认同于玩具娃娃。在她与玩具娃娃的游戏中，玩具娃娃是她自己，而她是玩具娃娃的妈妈。有可能朱莉亚在游戏中越来越变成了坏妈妈，这个坏妈妈最终杀死了玩具娃娃。进一步的观察发现，在朱莉亚的精神病状态中，"糟糕的""坏"妈妈的言行在她身上有着充分的体现。如果娃娃是被她实际上的母亲消灭的，并且母亲承认这一点，那么事情可能不那么具有灾难性。在这一阶段，朱莉亚本来已破碎不堪的健康状况，依赖于是否可能把一些坏的、糟糕的东西"转移"到她实际的母亲身上。由于不可能以正常的方式做到这一点，这就促使了精神分裂症的发生。

"转移"就是投射。当一个人无力整合互相矛盾的人格面具时，把部分面具投射出去不失为一种暂时缓和矛盾的方法。

第三节 稳定的不稳定——边缘性人格障碍

边缘性人格障碍的特点也是分裂。病人的众多人格面具处于分裂状态，一会儿出来一个，给人一种不连贯、不稳定、变幻莫测的感觉。奥托·科恩伯格（Otto F. kernberg）列举了边缘人格的十四对人格面具，概括起来就是好孩子、坏孩子、好父母、坏父母。病人一会儿表现为好孩子，向治疗师投射好父母，把治疗师理想化；一会儿表现为坏孩子，向治疗师投射坏父母，把治疗师妖魔化；一会儿又表现为坏父母，向治疗师投射坏孩子。治疗师被弄得团团转，莫衷一是，病人身边的人也是如此。所以，他的人际关系极不稳定，自己的情绪也很不稳定。当好孩子和好父母出来的时候，病人变成了天使；当坏孩子和坏父母出来的时候，病人变成了魔鬼。他集天使和魔鬼于一身，敢爱敢恨，爱憎分明。

边缘人格的好孩子主要是讨好者，坏孩子主要是叛逆者，两者都是苦命人的延伸。苦命人为了保全自己不被毁灭，就用讨好和反抗（还有逃跑）来摆脱自己的命运。同时，为了维护自己的"形象"，苦命人会制造一些事情，例如自杀、吸毒、滥交，把自己弄得很惨。

每个人都有苦命人面具，边缘人格的苦命人面具特别强。这是因为他们小时候遭遇过严重的心理创伤，最常见的是身体虐待（家庭暴力）和性虐待。

边缘人格毕竟不是精神分裂症，面具转换没那么快，不至于前言不搭后语。它也不同于人格分裂，面具之间没有完全失去联系。**当一个面具出场时，其他面具没有完全隐退，而是在一边旁观**。所以，病人会感受到内心冲突。例如，病人刚才还是好好的，和朋友一起谈天说地。有人说了一句不中听的话，他就暴跳如雷，失去"理智"，事后后悔不已；或者突然心血来潮，做出一个重大决定，后来发现这个决定是错误的。

欢喜冤家

三年前她的姐夫出轨，从那以后她老是怀疑自己的丈夫出轨，抓住一点蛛丝马迹就"大闹天宫"。丈夫有口难辩，又不能动粗，只好自虐：撞墙、砸玻璃、用烟头烫自己，把自己弄得遍体鳞伤。事后证明他是被冤枉的，她会很真诚地认错、道歉、写检讨、做保证，没过多久，又会故伎重演。

她和丈夫是十年前结婚的，当时家人反对，因为她未婚先孕，只好无奈地同意。丈夫人品很好，很快就得到了认可。婚后夫妻闹矛盾，她的家人基本上都站在她丈夫一边。这一次也是全家人都认为她有毛病，才强制她来看病。

但是，她坚信丈夫一定有外遇，只是没有证据。没有证据怎么能够断定他有外遇？她说是凭妻子的直觉。我问她，如果找到了证据，打算怎么办？她说离婚，因为她不能容忍丈夫的不忠。既然坚信他有外遇，还找什么证据？不如现在就离了。她说没有证据,他不同意离。我说,单方面提出离婚也是可以的,不妨向律师咨询一下。她说,不知道去哪里找律师。我对她丈夫说:"你就同意了吧!"他说不行,同意离等于承认自己有外遇。他不想背这个黑锅。

看来,他确实"人品很好",日子过得这么窝囊,仍然一如既往、兢兢业业、毫无二心,而且坚持原则、注重口碑,不让别人说闲话,尽管这样做给自己、给对方都造成了伤害,大家都很痛苦。也许,正是他的忠诚、宽容或纵容,以及窝囊、自虐和顽固不化,刺激了她的神经。把她变成泼妇、怨妇和妒妇。

据他说,她本来就任性、好胜。夫妻闹点矛盾,她总要争个赢,输了就离家出走。他只好挨家挨户地去亲戚朋友家找她,好言好语劝她回家。我问她:"如果他不去找你,你会自己回来吗?"她说不会。看来她早有离异之心,一直把婚姻当儿戏。

她补充说:"我知道他一定会找的。如果不来找,那就太不负责任了。跟他在一起就没意思了。"

她认为,丈夫必须对妻子百依百顺、百般呵护。她把自己整个人嫁给了他,他当然要为她负责。丈夫是最亲的人,有脾气不向他发向谁发?有苦恼不跟他说跟谁说?

姐夫出轨激发了她的苦命人面具,她从担心老公出轨,渐渐发展到怀疑老公出轨,甚至坚信老公已经出轨。她所做的一切,表面上是为了维护婚姻,实际上是破坏婚姻。**把婚姻破坏了,她就是真正的苦命人了,这是苦命人面具的伎俩。**

她有一个坏孩子面具,任性、好胜、"大闹天宫"、离家出走；还有一个好孩子面具，闹过之后会认错、道歉、写检讨、做保证。她也有坏父母面具和好父母面具，前者管着老公，严厉、苛刻地对待老公，而这样做是出于对老公的关心和负责，是为老公好。当她使用坏孩子面具的时候，就把坏父母面具投射给老公，她"大闹天宫"、离家出走，老公窝窝囊囊、顽固不化；当她使用坏父母面具的时候，就把坏孩子面具投射给老公，老公做了坏事，她调教他；当她使用好孩子面具的时候，就把好父母面具投射给老公，迫使老公表现得很大度；当她使用好父母面具时，就把好孩子面具投射给老公，她相信老公一定会到处找她。

有时候好几个面具一起出场，难分彼此。例如，当她怀疑老公出轨而"大闹天宫"的时候，共同使用了好父母面具（为你好）、坏父母面具（你坏）和坏孩子面具（我生气），而向老公投射好孩子面具（打不还手）、坏孩子面具（出轨）和坏父母面具（打自己）；当她离家出走的时候，共同使用了坏孩子面具（离家出走）和好父母面具（相信老公），而向老公投射坏父母面具（顽固不化）和好孩子面具（一定会找她）。

更绝的是，她老公非常配合她，说明他们有相似的面具"储备"。不过，相对而言，他的面具不那么乱，始终以好孩子为主（打不还手，把她找回来）。

第四节 躁狂与抑郁交替上演——双相障碍

双相障碍旧称躁狂抑郁症,病人时而躁狂,时而抑郁,躁狂和抑郁交替,原因是他有一个很强的幸运儿面具和一个同样强大的苦命人面具。幸运儿出来的时候自我感觉良好,心情愉快,情绪高涨,像过节一样;苦命人出来的时候自我感觉很差,闷闷不乐,情绪低落,整个世界都是灰蒙蒙的。

每个人都有幸运儿面具和苦命人面具。遇到好事开心,遇到坏事难过,有喜有悲,自然流畅。正常情况下,两个面具反差不会太大,而且与情境匹配,不会越界。双相障碍患者的幸运儿面具和苦命人面具反差很大,而且与情境失去了联系,常常无缘无故就躁狂了,或者抑郁了。

如果深入了解一下,就会发现,躁狂或抑郁的发作并不是无缘无故的。病人在躁狂的时候体力透支,最后支撑不住了,陷入抑郁状态。对病人来说,抑郁反应是一种自我保护,否则会彻底垮掉。抑郁期间,身体得到修整,渐渐恢复元气,转向正常或躁狂。

病人的幸运儿面具和苦命人面具为什么那么强?一种可能性是,他的父母太夸张。对他好的时候很夸张,使他形成强大的幸

双相障碍的病人时而躁狂,时而抑郁

运儿面具；对他不好的时候也很夸张，使他形成强大的苦命人面具。而且最关键的是，不以孩子的表现好坏决定对他好或不好，而是随心所欲，想好就好，想不好就不好，或者自己心情好就对孩子好，自己心情不好就对孩子不好。这会导致孩子的幸运儿面具和苦命人面具缺少"情境性"，完全没有根基，"自由飘浮"，忽而躁狂，忽而抑郁。这样的父母很可能自己就是双相障碍，或者边缘人格。也有可能，父母是正常人，奖罚是有根据的，只是没有把根据告诉孩子，而使孩子的幸运儿面具和苦命人面具找不到情境。

典型的双相障碍是缓慢交替的，一年交替四次以上就算"快速交替"，有的人一个月交替一次（如周期性精神病和经前期综合征），有的人一个星期交替一次（周末兴奋、周三抑郁），有的人一天交替一次（早重晚轻或晨轻暮重），有的人一个小时交替一次（说哭就哭、说笑就笑、喜怒无常）。

"我没用"

她十六岁辍学，去姐姐的理发店里学艺。不久，姐姐结婚生孩子了，她一个人经营理发店，一干就是四年。这四年里，她起早贪黑，一年到头工作，节假日都没休息。越到节假日，生意越忙，常常中午饭晚饭都忘了吃。终于有一天，她累倒了，她躺在床上起不来。妈妈来看她，她一个劲儿地哭，说自己没用，不会干活儿了，对不起妈妈，对不起弟弟。她弟弟在读大学，生活费基本上都是她提供的。

家人急急忙忙把她送到精神病院，她被医生诊断为抑郁症。在医院治疗三个月后，她就康复出院了。后来她跟另外一个姐姐去外地开店。因为那里有很多外国人，她就利用业余时间学习英语，一边学习一边替人翻译，不久就被一位伊拉克商人聘去当店长。那位伊拉克商人满世界跑，大部分时间她是真正的老板。生意做得不错，老板非常赏识她。后来发生了一件事情，导致她再次发病。

那位伊拉克商人租了一家私人旅馆当会所，租金到期了，房东来找她。她请示了老板，老板说不租了。她没有及时把老板的东西搬走，老板回来的时候发现房子已经租给别人了，自己放在房里的东西不见了，非常恼火。这时候，她像做错了事的孩子，一下子就垮掉了。她全身发抖，坐立不安，不停地搓手，嘴里反复念叨："怎么办？怎么办？"家人见状，立即送她去住院。

这时候，她已经二十五岁了。从医院里一出来，家人就给她介绍对象。她当时脑子很乱，毫无主见，家人怎么说，她就怎么做。等她慢慢恢复过来，发现自己一点儿也不喜欢对方。可是，双方父母已经定好了结婚的日子。她内心很纠结，一边是自己的终身大事，不可草率，一边又不想让父母伤心。她常常独自流泪，但在父母面前又装出一副很开心的样子。直到办完婚事，她终于旧病复发，第三次住院。

出院不久，男方以她有精神病为由，解除了婚约，她如释重负。后来，她去一家化妆品公司应聘，以第一名的成绩被录取。她在公司里表现出众，业绩辉煌，很讨人喜欢，人称"开心果"。

公司经常会组织员工搞培训，除了业务指导，还有沟通技巧、心理素质等内容。培训过程中，大家会分享自己的感受。她向同事讲了自己的病，大家不但没有歧视她，反而很敬佩她，觉得她能战胜疾病很不容易，一个抑郁症病人能够做到她这样简直就是奇迹。她成了业界的一面旗帜，大家都向她看齐。老板也拿她做广告来宣传自己的产品、公司的理念（类似于"美丽人生，快乐人生"）和企业文化（包括员工的精神面貌）。

前不久，一年一度的员工考核拉开序幕，考核内容是写一份策划书。她写了三次，都不满意，最后崩溃了。

这一次她没有住院，向公司请了假，吃了几天药，情绪就稳定下来了。她不想长期吃药，所以来做心理咨询。

第一次咨询，她花了一个小时讲她的病史，但没讲完，只讲到第二次发病。她语速很快，叙述很生动，绘声绘色，中间夹杂着个人体验和领悟，相当深刻，根本看不出她是抑郁症患者，反而有点躁狂。我告诉她，她的症状已经基本恢复，咨询目标应该转向防止复发。她问我怎样才能防止复发。我说，首先要弄清楚发病的原因，只有找到发病原因，去除病因，才能防止复发。

第一次发病是因为劳累过度，身体透支。为什么会劳累过度呢？她说工作忙，事情多。我说，你可以偷懒啊，为什么不偷懒？她说，从小父母教育她做人要诚实、勤劳。我说，父母这样教育你，你可以不听啊，为什么这么听话？她说，她一直都是好孩子，她需要别人的认可，她不想让父母失望。

第二次发病是因为她没把老板交代的事情办好。老板很失望，她很自责。

第三次发病是因为她对那桩婚事不满意，但是又不想让父母伤心，只好一个人扛着，最后扛不住了。

第四次发病是因为策划书写不出来，觉得自己没用。

不难看出，她有一个很强的讨好者面具。她很在乎别人的评价，努力做一个好孩子。如果她做得好，别人对她评价很高，她就很开心，很自信，很有活力；如果她做得不够好，别人对她失望了，她就会精神崩溃，陷入抑郁状态。为了做一个好孩子，得到别人的好评，她常常委屈自己，压抑自己，"虐待"自己，不惜把自己弄垮。

讨好者的背后有一个"废物"面具。抑郁发作是废物面具的显现。当她陷入抑郁状态时，她的负性自动思维是"我没用"。她坐立不安，不停地念叨"怎么办，怎么办"。她觉得自己是多余的人，只会给家里增加负担，所以很想死掉。

她不喜欢这个面具，所以把它掩盖起来。**讨好者面具就是对"废物"面具的矫枉过正**。但是，纸包不住火，"废物"面具的能量得不到释放，一天天地聚集起来，最后总是要爆发的。"废物"面具似乎还有"自我引爆"的功能。每次发病，并不是讨好者面具把她弄垮，而是"废物"面具把她弄垮。为了杜绝复发，必须善待"废物"面具，把它安置好。

每个人都有"废物"面具，从小到大，你肯定办砸过什么事，肯定有人说过你"没用"。但是，"废物"面具不是你的全部，它之所以会控制你的整个人格，是因为它的能量得不到释放。它的能量之所以得不到释放，是因为你压抑它，否认它，不让它释放。压抑很厉害的时候，它好像已经不存在了，展现在人们面前的是好孩子或"开心果"。我给她布置了家庭作业：寻找自己的"阴暗面"，了解它，面对它，接纳它。

第五节　每个人都是"两面派"
——轻微分裂

在心理咨询和日常生活中，经常会遇到这样的人。他们反复无常、口是心非，不知道自己想要什么，不知道自己在说什么，自我"分裂"，不统一，但又没有达到人格分裂或边缘性人格障碍的诊断标准，这种情况就叫"轻微分裂"。用面具技术做心理咨询，发现绝大多数人都有"轻微分裂"。

"屋底大"

我有一位熟人，六十多岁，性格非常温和，整天面带微笑，从来没有见他生过气。他非常乐意帮助人，不管什么事情找他，他都会非常热心。他做事也很认真、负责，事情干得非常漂亮。还没退休的时候，他的工作比较清闲，他就在单位的一块空地上，开了一个自行车修理点，免费为同事修自行车。他的身边经常围着一群小孩，他一边修车，一边给孩子们讲故事。别人找他修车的时候，他也喜欢拉家常，说话很有哲理。听说他是"文革"前的大学生，后来不知道为什么被抓去坐牢。对于这段经历，他是从来不提的，别人似乎也不在意，都认为他是一个好人。

一次偶然的机会，有人说起他，说他是"伪君子"，经常打老婆。他老婆来自农村，比他小十岁，没有文化，可能还有点缺心眼儿。听说他对老婆非常苛刻，经济大权牢牢地掌控着，每天只给老婆一点点钱去买菜。老婆每花一分钱都要向他汇报。他自己什么都不做，家务活儿全由老婆做。他要求很高，老婆哪里做得不够好，他就会唠叨个不停，甚至骂人，他骂人的话很难听。他老婆也不示弱，经常跟他顶嘴，结果三天一小吵、五天一大吵，有时候还会动手。他有一个女儿，十七八岁了，还经常被他打。小的时候，主要是学习不好挨打。长大了，主要是生活习惯不好、交友不慎挨打。据说他打孩子很凶，逮着什么就砸过去。

我无论如何都无法把他的两面联系起来。后来在工作中见到越来越多类似的案例，我才明白他是"两面派"。他有两个分裂的面具：一个老好人，一个暴君。老好人在公开场合用，暴君在家里用。

他不是双重人格。**双重人格的两个"人格"往往互相不认识，不知道对方的存在。**他不是这样，他老婆经常向他反馈。例如跟他吵架的时候骂他"两面派""伪君子""屋底大"（在家里称王称霸，在外面唯唯诺诺），他应该知道自己的另一面（老好人）。有好心人来奉劝他时，他会数落老婆的不是，讲出一大堆理由，说明他是知道自己这一面的。

这两个面具是怎么形成的？我对他的情况了解不多，只能猜测老好人面具可能与坐牢有关。在监狱里只能夹着尾巴做人，出来之后还得继续夹着尾巴。不然的话，别人会拿他的前科说事的。

每个人都有两面性，两面都有机会表现，才能保持心理平衡。他在公开场合只用老好人面具，暴君面具没机会用，所以很压抑，只能在家里用。在家里当了暴君，过了瘾，释放了能量，在外面更容易当老好人。两者相互促进，越来越分裂。

有些"两面派"的案例并没有坐过牢，又是怎么一回事呢？中国人爱面子，在别人面前总想表现得好一些，把好的一面展示给别人。于是，"好人"面具就与公开场合绑在了一起，好人面具变成了公开面具。与此相应，坏人面具变成了隐私面具，包括家庭面具。有人理直气壮地说："在外面整天装孙子，回家了就应该松懈松懈。"如果在家里也不让用暴君面具，他会憋死的。

第三章
自己何必难为自己——对抗的人格面具

分裂的面具如果同时出场,常常会发生冲突和对抗。弗洛伊德把心理冲突分为三种:现实冲突、道德冲突、神经症性冲突。现实冲突是指人在现实生活中面临选择时的内心冲突,例如"鱼与熊掌不可兼得"。道德冲突是指道德观念与本能冲动之间的冲突,也就是理智与情感、理性与非理性、灵与肉的冲突。神经症性冲突是指对正常人来说根本不构成冲突的冲突,是神经症病人所特有的。例如走路的时候先迈左脚还是先迈右脚,剥鸡蛋应该先剥大头还是先剥小头。神经症的特点就是心理冲突,最典型的是强迫症。

库尔特·勒温(Kurt Lewin)也把心理冲突分为三种:趋避冲突、双避冲突、双趋冲突。事物都有两面,如果好的一面和不好的一面都很突出,就会使人陷入趋避冲突,想要又不想要,既爱又恨。矛盾性依恋就是趋避冲突的一种。如果有两样东西,都不想要,但躲开一样,必定会撞上另一样,就会使人陷入双避冲突。双重束缚就是双避冲突的一种。如果两样东西都想要,但一次只能要一样,不能兼得,就会使人陷入双趋冲突。完美主义就是双趋冲突。

一个人格面具只有一种功能,不可能"自我矛盾"。如果一个人出现内心冲突或自我矛盾,一定是一个面具与另一个面具发生对抗。每个人都有许多人格面具，面具对抗在所难免，解决的方法有：轮流出场，互不相见，也就是分裂；把相对比较弱的面具压抑掉，不让它出场；整合，使对抗的面具化敌为友，和睦相处。

第一节 纠缠不清的两股势力——强迫症

强迫症的特点是强迫与反强迫的对抗。例如，病人脑子里出现某种想法（强迫），同时又认为这种想法是不好的，竭力克制（反强迫）。两者常常僵持不下，令病人痛苦不堪。有时候强迫占上风，病人就胡思乱想了；有时候反强迫占上风，病人控制住了自己。为了保持反强迫，病人会做一些仪式化的动作，例如敲脑门、数数、默念"咒语"。

人格面具理论认为：强迫是一个面具，反强迫是另一个面具。反强迫面具管着强迫面具，认为它是不对的，是没有必要的，所以反对它、禁止它。而强迫面具不服管教，偏偏要打破禁令，"哪里有压迫，哪里就有反抗。"这两个面具类似于孩子和家长，孩子有自己的想法，有时候也会无理取闹，而家长总是制止他：这样不行，那样不行。

弗洛伊德把神经症分为两类：现实神经症和精神神经症。前者包括焦虑症和抑郁症，后者包括癔症、恐惧症和强迫症。现实神经症比较简单，由现实原因譬如心理创伤、丧失等引起，表现为焦虑和抑郁。精神神经症比较复杂，很难根据症状推测原因。这是因为，由于心理防御机制的参与，症状已经发生转换或"变形"。所谓转换，就是症状从A变成B，再变成C、D、E。

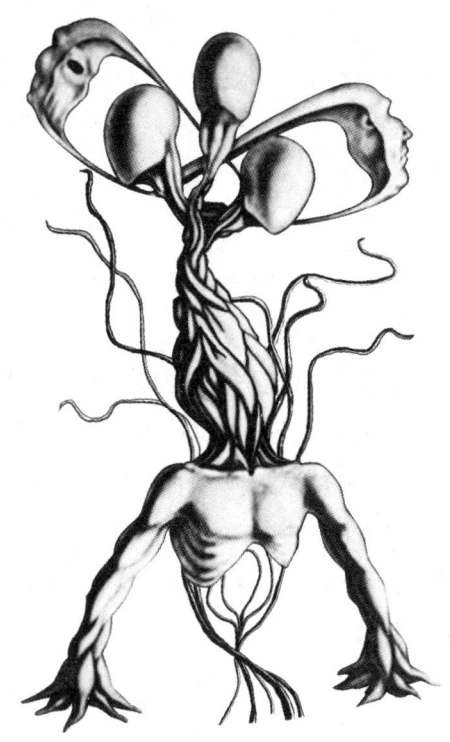

强迫症的特点是强迫与反强迫的对抗

人格面具理论认为：一个面具只有一种表现或功能，症状转换其实就是面具的转化。一个面具出来，另一个面具就会做出反应，然后是第三个、第四个面具，最后表现为症状。这样的连锁反应称为"面具链"。

强迫症面具链的第一个环节通常是"冲动"。病人的某个面具有一个冲动，例如死亡冲动、性和暴力的冲动，或者佛教所说的贪、嗔、痴。由于相应的行为是法律所禁止的，或道德所不允许的，因此这些冲动连同相应的面具平时处于压抑状态。当它被某种因素或情境刺激起来时，就会闯入意识，表现为"强迫性冲动"或"强迫意向"，俗称杂念。对于这些杂念，完全可以不予理会，只要不付诸行动就可以了。但是，佛教认为想想也是作孽（意业），会产生后果（业报），必须予以制止。于是，第二个面具出来了。这个面具像法官或道德卫士，负责监督和评判各种冲动，如果是好的就放行，如果是不好的就制止。

一个杂念，如果不予理会，通常都会一闪而过，不留痕迹。而法官面具吹毛求疵，容易把杂念放大，并且"定格"，结果挥之不去，遂成心病。如果冲动过分强烈，的确是非常可怕的，因为它会变成行动，于是，一个胆小的面具就会感到害怕和恐惧，称为"强迫性恐惧"。在这个面具的渲染之下，法官面具制止强迫性冲动的决心就更大了。制止的方法主要有两种：一是压抑，二是预防。

压抑也有两种：一是直接压抑或否认；二是转移注意力或忽视。通过压抑或否认，强迫性冲动和相应的面具重新回到无意识状态，冲动"消失"，癔症的面具链通常到此为止。重新回到无意识状态的冲动可能会通过"发作"和"干扰",表现为分离障碍和转换障碍(躯体化)。如果采用转移注意法,病人就会表现出强迫行为,例如洗衣服或数数。

预防是指针对强迫性冲动采取相应的措施,防止冲动转化为行动,避免可怕的结果发生。例如,针对死亡冲动的预防措施可以是避开危险的地方,把刀藏起来,检查煤气,请人陪伴或向别人确认是否安全。恐惧症的面具链通常到此为止。这时强迫症病人会出现第三个面具,这个面具认为第二个面具所做的一切都是没有必要的,是很荒唐的,是"强迫",因而进行"反强迫"。于是,这两个面具陷入对抗之中,这是强迫症的特点。

有的病人还会出现第四个面具。这个面具认为第三个面具的反强迫措施也是没有必要的,因而予以对抗,进行"反反强迫"。最后,病人出现第 N 个面具,这个面具认为自己得了强迫症,需要治疗。于是,病人陷入困境:如果不治疗,强迫症就好不了;如果治疗,还是强迫症,因为治疗就是与症状对抗,就是反强迫。久病不愈和多重强迫的强迫症病人都会陷入这样的困境,他们不管做什么都是强迫,什么也不做还是强迫。有一个病人每天早上喝牛奶,哪一天来不及喝,心里就会非常难受。他意识到这是强迫行为,就刻意不喝牛奶。其实刻意不喝也是强迫。

因此,在症状层面上治疗强迫症是非常困难的。必须绕开强迫和反强迫,直指第一个面具,弄清楚为什么会出现这种冲动,这种冲动的后果是什么。再回到第一个面具。当它出现死亡冲动时,其他面具不会理解,不相信别人会杀自己,而把这个面具投射到外界,认为是别人想杀他,因而产生强迫性恐惧。强迫症病人知道实际上没有危险，不应该恐惧，所以才会反强迫。如果他以为自己真的很危险，确实有人想杀他，那就是偏执性精神病了。强迫症和精神病的区别就在于有没有自知力，有没有自我反强迫。

综上所述，强迫症不仅仅是面具对抗，面具对抗只是强迫症"面具链"的最后一个环节。

强迫检查

一位七十岁的老太太得了强迫症，病程已经有三年。她是因为惊恐发作来求治的，用了一些药，惊恐发作很快就得到了控制。两个月后，她才向我说起她的强迫症状。

她原来是一名教师，退休以后自己办了一所学校，是一个非常能干的人。三年前第二次退休后，渐渐出现强迫检查的症状。门关好了没有，煤气关好了没有，水关好了没有，都要反复检查。她认为这是必要的，所以没有太大的内心冲突。后来，她总是担心丢了什么东西，不停地摸口袋，检查自己坐过的椅子和站过的地方。这种症状在家里很少发生，偏偏在外面发生，她担心被人看到了很没面子，于是竭力克制。可是，她越克制症状越重。有几个亲戚朋友已经知道她有这个毛病，她可以不加掩饰地检查，通常几秒钟就能解决问题。如果她想不检查，她的脚就挪不动了，眼睛会不由自主地东张西望，那就不是几秒钟的事了。所以，不熟悉的人家里她就不去了。她最怕坐车，公共汽车靠站的时候是不允许她反复检查的。

最近，又出现了新的症状：不敢倒垃圾。倒垃圾之前必须对垃圾进行检查，怕把什么东西一起倒出去。严重的时候，倒出去以后仍不放心，还要去检查垃圾筒。最后，她干脆不倒垃圾了，让家人去倒。她也不敢收拾房间，因为一收拾就要扔掉一些东西。她甚至不敢倒水，不管是洗脸水还是淘米水，怕什么东西被倒掉。

我问："怕把什么东西倒掉？"

她说："没什么东西。"

"是啊，是没什么东西，可是，你怕把什么东西倒掉？"

她还是说："没什么东西"。

"可能会是什么东西呢？"

她说不知道。

"是好东西吗？"

"我又没有好东西。普通老百姓一个，有什么值钱的东西！再说，我也不是那样很小气的人，如果别人有需要，我也会慷慨解囊的。"

有一次，一个朋友来家里玩，回去的时候下雨了，她借伞给朋友。结果，她把雨伞打开，里里外外检查了好几遍，生怕有什么东西。

我开玩笑说："你是怕戒指掉在伞里了。"

她说她没有戒指。

还有一次，邻居孩子来家里玩，她拿了一瓶饮料给他。她仔细检查饮料，看里面有什么东西，还看标签和说明书，怕过了保质期。

我突然明白了：她不是怕把好东西会弄丢，而是怕把不好的东西丢出去，危害别人。这种想法非常符合她的性格特征，她是一名优秀教师，当过校长，习惯于为人师表，道德上也是楷模。尽管生活比较清贫，别人需要帮助的时候，她还是会慷慨解囊。"宁可人负我，不可我负人。"大公无私，舍己为人。

对于强迫症来说，强迫面具和反强迫面具的对抗其实只是表面现象。如果深挖下去，一定会发现第三个、第四个，甚至更多人格面具参与其中。这位老太太的强迫面具担心丢了什么东西，所以反复检查。而反强迫面具认为自己没有什么东西可丢，也不吝惜把东西送给别人，所以认为没有必要反复检查，竭力控制自己不去检查。**这两个面具之所以会对抗，是因为反强迫面具不理解强迫面具**，以为强迫面具是怕丢了好东西。其实，强迫面具担心的是丢了不好的东西，危害别人。怕伤害人，怕得罪人，怕有损于自己的教师形象，这才是强迫面具的本意。为什么怕伤害别人？因为她有一个"优秀教师"面具。

第二节 爱恨交织的情感纠葛
——矛盾型依恋

通过对婴儿的观察，约翰·鲍尔比（John Bowlby）发现了三种依恋模式：安全型、冷漠型、矛盾型。安全型依恋的特点是，妈妈离开的时候哭闹，妈妈回来就安静；冷漠型的特点是，妈妈离开无所谓，回来也没什么反应；矛盾型的特点是，妈妈离开的时候哭闹，妈妈回来闹得更凶，妈妈不理他了，就缠着妈妈。

后来的研究发现，婴儿期的依恋模式会延续到成年，对将来的人际关系产生影响。有些人在一起的时候吵吵闹闹，分又分不开，就是"矛盾型依恋"的表现。**矛盾型依恋就是既爱又恨，爱恨交加。**这说明当事人有两个相反的面具，一个爱对方，一个恨对方。爱对方是因为对方有可爱之处，恨对方是因为对方有可恨之处。自我统一的人倾向于综合评估：如果对方优点多于缺点，就把他评定为"好人"，而对他的缺点持包容和接纳的态度；如果对方缺点多于优点，就把他评定为"坏人"，敬而远之。其实，可爱和可恨、优点和缺点、好和坏，都是主观判断，与评判者的价值观有关，"萝卜白菜，各有所爱"。自我统一的人看问题不会那么极端，因为是综合评估，分数不可能太高，不可能太低，所以不会大爱大恨，不容易发生矛盾型依恋。

矛盾型依恋还有一个特点，就是爱和恨互相混淆。例如，心里是爱对方的，但表现出来的是伤害；或者心里是恨对方的，但嘴上说很爱对方。对方接收到的是矛盾的信息，或者错误信息，所以无所适从。也许，当事人自己也不知道，他的某种表现到底是出于爱，还是出于恨。

希区柯克的《惊魂记》（*psycho*）

诺曼·贝茨是一家汽车旅馆的老板，很小的时候，父亲就去世了，他和母亲相依为命。但是，母亲对他非常严厉，经常羞辱他。他对她既爱又恨，十年前，他把她杀了。

诺曼应该是一个非常封闭的人，母子关系就是他的一切。在这种关系中，他形成了两个人格面具，一个是"诺曼"，一个是"母亲"，两个面具的关系是矛盾型依恋。母亲死了，"母亲"面具通过丧失认同而得到加强，并转化为主体面具。诺曼经常把自己打扮成母亲的样子，学母亲说话，或者把自己分裂成两个人，一问一答。为了强化"母亲"面具，他还把母亲的遗体做成标本，悉心照顾"她"。当然，偶尔也会跟"她"吵架。

玛莉安小姐来投宿，诺曼对她产生了好感，想请她吃饭。结果，"母亲"吃醋了，对他大喊大叫，玛莉安小姐全听到了。可是，诺曼不顾"母亲"的反对，给玛莉安小姐送来食物，并跟她聊了一会儿天。聊天中，他透露出对母亲的不满和担忧。当玛莉安小姐暗示他的母亲可能心理不正常，应该去精神病院，诺曼勃然大怒。玛莉安小姐赶紧道歉，然后回房休息。就在她洗澡的时候，"母亲"来了，用刀往她身上乱砍。

诺曼发现"母亲"身上有血,意识到她杀人了,跑到玛莉安小姐的房间,玛莉安小姐已经死在浴缸里。诺曼是个孝顺的孩子,他为"母亲"清理现场,销毁证据。

最后一个镜头,"母亲"为了保护诺曼,承担了全部罪责,也就是从"母亲"的视角向警方供认了整个犯罪经过。

"母亲"为什么要杀玛莉安小姐?因为她勾引诺曼。

"母亲"怎么知道玛莉安小姐勾引诺曼?因为诺曼对她动心了。

"母亲"怎么知道诺曼动心了?因为他们是一个人,共用一个身体。

就算诺曼动心了,"母亲"为什么要杀玛莉安小姐?因为诺曼是她的,母子相依为命。当玛莉安小姐问诺曼有没有朋友时,诺曼说:"妈妈就是男孩子最好的朋友。"说明母子关系取代了男女性爱。这已经不是一般意义上的恋母情结了,而是一种"乱伦"。

这部电影的三点启发:

(1)"灵魂"可以不死。电影的英文名字叫"Psycho",就是"心灵"或"灵魂"的意思。母亲死了,诺曼"接受"了她的灵魂,母亲的灵魂在诺曼身上延续,或者说在诺曼身上"附体"。原来,"灵魂不死"是这个意思!

(2)恋母情结处理不好,后果是很严重的。正常人通常在六七岁"解决"恋母情结,然后把注意力转向同龄的小伙伴。如果这一步没有完成,孩子继续被拴在妈妈的裤腰头,他将无法融入社会，无法正常地谈恋爱，无法正确处理夫妻关系。

（3）我们为什么会伤害自己所爱的人？因为我们爱他也恨他。我们自己有许多面具，对方也有许多面具，互相都很喜欢是不可能的，爱恨交加在所难免。一个人如果内心不够统一，就会自我矛盾，表现在人际关系上，就是矛盾情感，也就是既爱又恨，或者忽爱忽恨。另外，就是像诺曼那样，当一个面具爱上了某个人，另一个面具会出于嫉妒而恨那个人。

第三节　我是父母的提线木偶——双重束缚

双重束缚俗称"两头堵",这样做不行,那样做也不行,让人"动弹不得"。例如,家长不允许孩子出去玩,怕他受到伤害,或者学坏;而孩子待在家里碍手碍脚,家长又嫌他烦。或者,家长要求孩子把学习搞好,别的什么都不用管;而孩子不会做家务,不会待人接物,家长又嫌他笨手笨脚。双重束缚很容易激发苦命人面具。

网络成瘾

一对夫妇带孩子来做咨询,原因是孩子整天玩电脑,不去上学。

孩子今年十七岁,本来应该读高一,但是刚进入高中,无法适应学校生活,才读了两个星期就逃回来了。家长好说歹说,都不管用。他已经在家里待了半年,除了上网或看电视,就是睡觉。我问他为什么不适应学校生活。他说不是不适应,而是觉得读书没有意义。读书怎么会没有意义呢?他说这是他妈妈说的。

他父亲大学毕业,但工作一直不顺利,不如做生意的亲戚有钱。而母亲家的亲戚都没读书,但生意做得很大,所以母亲经常对父亲说:读书有什么用!孩子小时候成绩不错,学习兴趣也很

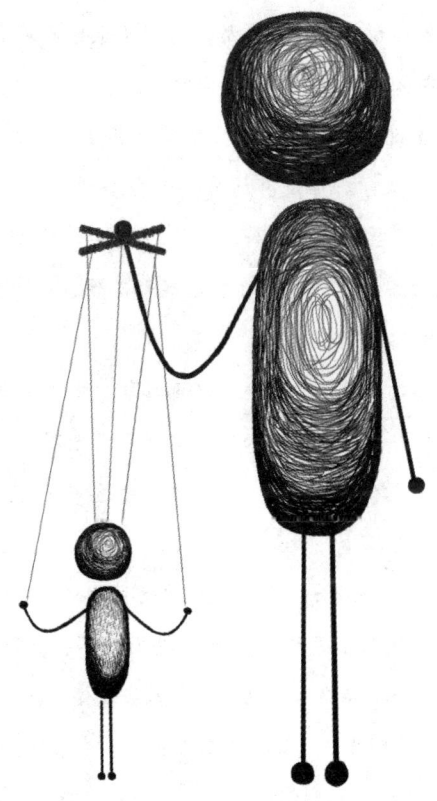

我是父母的提线木偶

高,但是每次拿到奖状兴高采烈的时候,母亲就会给他泼冷水,说"读书好有什么用"。

我问他母亲,既然读书没用,他现在不读书了,为什么又带他来做咨询?她说,他这个年龄,待在家里也不是个事儿。她不要求他读书怎么好,但高中应该读完。

我对孩子说:"别人的家长对孩子有要求,孩子压力很大,有的人因此而厌学。你没有压力,就当去学校玩,为什么不去呢?"他说:"学校有什么好玩的!"我说:"你这个年龄的孩子都喜欢玩的,你怎么会不喜欢玩呢?"他说:"我喜欢玩啊,但他们不让我玩。"

我问他喜欢玩什么。他说什么都喜欢。他母亲补充说:"他总是喜欢跟一些不三不四的人玩,常常半夜也不回家。"他争辩说:"哪里半夜不回家了?"我让他母亲举例说明。她说:"他经常玩到天黑才回家,晚饭都赶不上。"我说:"天黑和半夜,还是有区别的。"她说:"要不是我管着他,他就会玩到半夜。"我问她:"他现在整天待在家里。哪儿也不去,你应该满意了吧。"她说:"整天待在家里也不行,人会变傻的。"我问她:"那怎么办?"她反问我:"你说怎么办?你是专家啊。"

我问她:"到底希望他待在家里,还是出去玩?"她说:"不能老是待在家里,应该出去走走。但要按时回家。"我问她"按时"是什么意思。她说"按时"就是"按时"。她开始质疑我的智商了。

我叫她具体一点:什么时间可以出去玩,什么时间必须回家。她说:"这个并不重要,重要的是他跟什么人玩,玩什么。"我问她:"他可以跟什么人玩,不可以跟什么人玩?可以玩什么,不可以玩什么?"她说:"应该跟好孩子玩,不能跟坏孩子玩;对人有益的可以玩,对人有害的不可以玩。"我问她:"谁是好孩子,谁是坏孩子?什么对人有益,什么对人有害?"她不屑回答这个问题。

我说:"如果家长没有一个具体、明确的要求和标准,孩子就会无所适从。也许家长自己心里有数,但是,如果不说清楚,孩子是不可能知道家长的想法的。所以,家长必须说,而且要说清楚。连我都听不明白,孩子更听不明白。"

我问她,既然认为读书没用,是不是想让孩子去做生意?她说,她最看不惯生意人。

孩子的父亲终于开口了。他说:"她什么人都看不惯,你做什么事她都认为不对。"她立即诘问他,"你说你做什么事我都认为不对,你都做了什么了?"他说:"你让我做什么了吗?"

我问孩子,"想不想说点什么?"孩子说:"有什么好说的,说什么都是错的。"我说:"不说就对了吗?"他说,不说也是错的,但相比之下他宁愿不说。

做什么都是错的,不做也是错的,但相比之下,他宁愿什么也不做。他父亲可能也是如此。

这位母亲不只是双重束缚,而是多重束缚。在她的眼里,很多事情是不好的,所以很多事情都不能做,能做的很少。这是严重缺乏安全感和信任感的表现,也是人生观消极、悲观的表现，说明她有很强的苦命人面具和恶魔面具。她把苦命人面具投射给老公和儿子，自己充当恶魔，抑恶抑善，使老公和儿子陷入"习得性无助"的状态。

第四节 病态的审美意识——完美主义者

有些家长不是双重束缚,而是追求完美,即同时提出两种或两种以上互相矛盾、难以统一的要求,也就是几个相反或对立的面具同时出场。如果当事人智商和情商都很高,也许可以满足所有的要求,或者在各种要求之间找到平衡点,达到尽善尽美;如果智商或情商不太高,怎么努力都无法达到要求,就会陷入类似于"双重束缚"的状态,导致"精神崩溃"。

很多家长不直接告诉孩子做什么、怎么做,而是让孩子自己去揣摩。如果孩子揣摩错了,就予以批评,甚至打骂;如果孩子揣摩对了,家长认为这是理所当然的,不予表扬。结果,孩子不知道什么时候对,只知道什么时候错,也会陷入双重束缚的状态。

现实生活中,完美主义非常普遍。例如,要求自己办事效率高,又要尽善尽美,而速度快了就会潦草,精益求精会影响速度。有的人找对象,要求对方具备运动员的体质,有演员的容貌,还要家境富裕、有教养、风趣幽默、善解人意、有进取心、会赚钱、爱家庭等等。

追求完美的母亲

三年前，她第一次来找我。她给我的印象是：漂亮、高雅、干练。她是为儿子的事而来的。十年前，她在办离婚的时候，儿子得了抽动症。本来儿子是判给丈夫的，看到儿子口角歪斜、全身痉挛，她心一软，就把儿子接了过来，开始了长达十年的求医之旅。她带着儿子跑遍全国，去过所有的大医院，看过所有的知名专家，但症状时轻时重，始终迁延不愈。在这个过程中，她自己也成了专家。

她的儿子既有抽动症又有多动症，这两种病常常伴随而来，但治疗方法正好相反。治疗抽动症的药会引起多动，治疗多动症的药会加重抽动。因此，治疗抽动症伴多动症一直是个难题，我想在两者之间找出平衡点，使抽动症和多动症都处在最低水平。结果发现，这个平衡点很难找到，原因在于他的母亲是一个追求完美的人，容不得一丁点儿的抽动症状。于是，我只好另辟蹊径，建议他去做感觉统合训练。做了一个疗程，效果很好，症状明显减轻，药量也减了一大半。但是，他的学习成绩下降了。老师找她谈话，她觉得无地自容，把儿子训斥了一通。结果，他又挤眉弄眼，手脚动个不停。

这样的事以前也发生过好几次。学习一放松，症状就会减轻；症状改善了，成绩下来了；一抓成绩，症状又加重了。

我问她："学习重要还是健康重要？"

她说她当然知道健康重要，但是，学习不好也不行。就算她放手了，老师也不答应。

"到底是老师重学习还是你重学习？"

她说是老师。

"那好,"我说,"换个学校。"

换什么学校呢?我提议去武术学校。武术学校学习压力小,练武和感觉统合训练有相似的功效,可以缓解抽动和多动的症状。另外,这个孩子身体素质和心理素质都比较差,容易焦虑,人在焦虑的时候小动作会增多,而习武有助于提高身体素质和心理素质。孩子一听就乐了,他说他一直想学武术,可是家长不同意。

不久以后,孩子转学到一所武术学校。第一次考试,他的成绩全班第一,他立即自信起来。虽然他开始的时候不太适应高强度的体能训练,但他还是坚持下来了。一个学期下来,他的精神面貌焕然一新。他长高了,长胖了,脸黑了,肌肉结实了,举止稳重了,抽动和多动的症状没有了,一家人皆大欢喜。三年一晃而过,妈妈接他回来参加中考复习。结果,他的症状又出现了。

原来,武术学校的教学水平比普通学校差很多。他在那里能考七八十,这个成绩相当于普通学校的二三十。所以,他感到压力很大,很焦虑,小动作也多了起来。她希望我能提供一些方法,减轻他的焦虑,使他顺利通过中考。

我问她:"你为什么要他参加中考?想让他考上什么样的学校?"

她说,她并没有要求他考上什么学校,只是觉得中考是人生的一次经历,应该让他体验一下,让他学会对自己负责。

"既然如此,你就告诉他,考多少分都没关系,进考场坐坐,然后回来。这样的话,他就不会太焦虑。即使焦虑也不要紧,大不了脑子一片空白,一个字也写不出来,反正不在乎分数,没想考上什么学校。"

她无言以对。

我又问她:"到底是你焦虑还是他焦虑?我觉得是你的焦虑引起他的焦虑。"

她承认自己的确很焦虑。她把所有的心血都放在他身上,他却这么没出息。

我说:"其实他的病都是你引起的。你使他焦虑,焦虑导致抽动和多动。"

她立即抗议。

我马上转移话题:"你为什么把所有的心血都放在儿子身上?你应该有自己的生活,你再婚了吗?有男朋友了吗?"

她说她不想再结婚,因为她很独立,不需要依靠任何人。

"结婚是为了依靠?"

她说:"你是男人,你不理解。"

"我的确不理解。难道你没有情感需要吗?"

她说她很充实,不需要男人,连想都没有想。

"可悲,你太压抑了,你像一个圣人。"

她大吃一惊,原来她的家人也这么说她。她的丈夫是个无赖,家人都劝她离婚,她坚决不离。家人说她把自己当圣人。

她的确像个圣人,她很完美。她说她没有给孩子施加压力,但是,儿子在她身边就会感到有压力,这是相形见绌引起的压力。

第五节　令人抓狂的选择犹豫症
——决策困难

强迫症病人和完美主义者常常会遇到决策困难。面对一个选择时，不知道选 A 好，还是选 B 好；需要做出一个决定时，不知道 Yes 好，还是 No 好。这是因为他有两个面具，一个选 A，一个选 B，或者一个 Yes，一个 No。

人格面具理论认为，一个人做决策，其实就是他的所有人格面具"集体决策"。如果面具间的关系比较和谐、融洽、统一，决策就比较容易。即便不是全票通过，至少也能达到三分之二以上的票数。如果面具间的关系不融洽、不统一、互相对抗，决策就很困难。一个面具支持，必有一个面具反对，支持者和反对者势均力敌，无法最后拍板。

"好人"

他是一个强迫症患者，症状非常复杂，粗略汇总如下：

（1）他常常为了要不要找工作而犯愁：如果他找到了工作，别人就失去了一个工作的机会，这等于害了别人。如果不工作，没有经济来源，自己的生活就成问题了。

（2）他很想给灾区人民捐钱：但是，如果捐了，自己的生活就没保障了。不捐,又觉得自己太自私。

(3) 总是想这么多,内心很痛苦,他希望自己不要想。后来脑子变迟钝了,真的不会想了,他又着急了,担心自己变成傻子。

好纠结啊!我让他自己把问题概括一下。他说,他想做好人,又不想做好人。

他有一个"好人"面具,想把工作的机会留给别人,给灾区人民捐钱,向雷锋学习。同时,他又有一个"普通人"面具,需要工作,需要钱,需要像样的生活。好人大公无私,对自私自利深恶痛绝,鄙视普通人。而普通人的确很自私,一心只想着自己,像铁公鸡一样,一毛不拔,还认为好人傻。

我问他,迄今为止,他捐了多少钱。他说,一分也没捐。一想到捐钱,他就陷入矛盾,一连串思想跳出来:一个说捐;另一个说"你自己都没钱,干吗捐啊";第三个说"你这样太自私";第四个说"自私就自私吧";第五个说"做人不能太自私,人应该互相帮助,况且我也不是身无分文,有钱不捐也会花掉";第六个说"我捐了钱,别人肯定会认为我脑子有毛病"。结果就不捐了。

有一次,他遇到一个泼妇,对他出言不逊,他很气愤,想揍她。后来一想,如果把她打死了,自己还要偿命,所以就控制住了。后来又想,这样是不是很窝囊,没有血气,年轻人应该有点血气。按照心理学的观点,人应该做真实的自己,既然有气,就应该接受,不应该压抑。但是,如果人人都这样,社会不就无法无天了?

他还想从政、经商、当明星,但是,这些想法很快就被自己否定了。前段时间他看到新闻:某个亿万富翁过分张扬,结果被人杀了。他说自己个性也很张扬,担心自己有了钱也会被人杀了,所以犹豫要不要去挣钱。我告诉他,他想成为亿万富翁,基本上是不可能的。如果他能够成为亿万富翁,他也完全可以在挣到一个亿之前就停下来,不让自己成为亿万富翁。就算成了亿万富翁,被杀掉的概率也很小。为了这么小的概率,他就不去挣钱了,把极大概率的幸福生活给放弃了。这笔账到底应该怎么算?

其实,每个人都有好人面具和普通人面具。好人就是超我,普通人就是本我;好人就是理想我,普通人就是现实我。正常情况下,两者既有联系又有区别,也就是"部分重叠",不会脱节。但在患者身上,两者完全被割裂了,并且处于对抗状态。为什么会这样呢?

患者说,他的父亲是一个极度自私的人。从他懂事开始,他就对父亲很反感,发誓将来决不做父亲那样的人。原来,他向父亲"反向认同"了。

反向认同很普遍,如果我们不喜欢某个人的所作所为,就会拒绝像他那样行事,而跟他反着来。然而,反向认同是很表面的,它的背后隐藏着"认同"。也就是说,我们是先"认同"了他,形成一个人格面具,然后再塑造一个与之相反的人格面具。**反向是表面现象,认同才是本质。**

患者认同了父亲,形成了"坏人面具"。他不认可这个面具,便反其道而行之,通过反向作用,形成"好人面具"。可是,好人在明处，坏人在暗处，好人斗不过坏人，只能空想一番。有意思的是，坏人后来把自己打扮成普通人，从地下走向地面，与好人分庭抗礼。

每个患者都是戴着一堆人格面具来就诊的，因此，共情就成了一个问题。如果跟普通人共情，好人会不同意；如果跟好人共情，普通人会抵制或耍赖。患者只能保持中立，然而中立也不是万全之策，弄不好会两头受气。

咨询目标也是如此。普通人的目标是做真实的自己，轻松、自在、潇洒、随性；而好人的目标是做道德高尚、对社会有益、被别人称赞的人，譬如伟人、圣人、名人、科学家、大企业家、国家总理。

所以，当我跟他讨论咨询目标时，他的第一反应是"做好人"。他本来就是冲着这个目标来的，他要压制普通人，顺顺利利地做好人，不受普通人的干扰和阻挠。

这个时候，我自己的倾向性出来了，我是倾向于做普通人的。但是，患者非要做好人，我没有权利反对他，我必须尊重他的选择，我的使命就是帮助他实现他的目标。可是，当我准备针对他的咨询目标深入讨论时，他的主意改变了，他想做普通人，因为做好人太累。

第六节　为什么我们总是对自己不满意

人格面具是人格的最小单位，它应该是"自我"统一的。一个人如果不喜欢自己，说明他有两个面具，其中的一个不喜欢另一个。每个人都有许多面具，互相喜欢就能统一，互相不喜欢就会分裂。当两个互相不喜欢的面具撞到一起时，就会互相诋毁、自我否定、自我怀疑、自我贬低，甚至自责、自伤、自虐、自杀。

阿德勒认为：最基本的心理动力是自卑，自卑激发权力意志，权力意志的作用就是克服自卑。一个人越自卑，越想往上爬，越想出人头地。反过来说，如果一个人老想往上爬，进取心非常强，那这个人一定是很自卑。

有的人说，努力进取不是为了出人头地，而是让自己生活得好一些。这种观点的背后隐藏着一句潜台词：如果不努力进取，生活就会不好。这是缺乏安全感的表现。心理学研究证明：安全感是非常重要的心理动力，常常压倒快乐和权力，甚至生理需要。一个人如果缺乏安全感，非常努力地使自己安全一些，说明他不接纳自己。

努力进取就是不安于现状，说明对现状不满。现状包括环境，也包括自身。对现状不满，意味着对自己也是不满的。在很多情况下，恰恰是因为对自己不满，而把不满情绪向外投射，才对环境产生不满。

长痘痘

二十四岁的女孩，脸上长了痘痘，她为痘痘而烦恼。她知道长痘痘是因为内分泌失调，而烦恼会加重内分泌失调，所以她希望自己不要烦恼。我问她，就算长了痘痘又怎样，她烦恼什么？她说，长了痘痘，人会变难看，她怕男朋友不要她。

男朋友是高富帅，她在他面前一直有自卑感，总觉得自己配不上他。我问，他有没有觉得你配不上他呢？她说，他嘴上当然说没有，但心里怎么想，那就不知道了。她也不敢多问，怕他烦了，只能一个人琢磨着。

我说，大多数人都认为，嫁人就要嫁一个条件比自己好的。她说她知道，她妈妈一直都是这样教导她的。问题是，她和他相差太悬殊了。她出身卑微，既不漂亮又不聪明，又没工作，现在还长了痘痘。其实，她长得相当漂亮，目前在读研究生，我也没看出她脸上的痘痘。她说是打了很厚的粉底。既然能够被粉底遮住，说明痘痘不多，也不大。她说她的脸蛋原来是很光亮的，像刚剥出来的鸡蛋。

一般说来，小孩子的自卑通常都是家长强加的。中国的家长喜欢批评不喜欢表扬，认为表现不好应该批评，表现好不必表扬。结果，孩子听到的批评多而表扬少，自我评价就偏低。她立即反驳说，母亲对她从来都是鼓励。

母亲是个能人，里里外外一把手。她很佩服母亲，也非常依

阿德勒认为,最基本的心理动力是自卑

恋母亲。她很想学母亲的样子，但学不会，所以很排斥自己。也可以说，她表面上从母亲那里学到了一些东西，但觉得很累，很想做回自己。读大学的时候失去了母亲的监督，她开始放纵自己，虚度光阴。现在想起来很后悔。

原来，她是因为跟母亲比较而产生自卑。她说她的性格像父亲，父亲太窝囊，她不喜欢他，感情上跟他比较疏远。

我心想：一个孩子，怎么会觉得父亲窝囊而不喜欢父亲？这样的观念肯定是别人强加给她的。果然，她说母亲不喜欢父亲，而她偏偏像父亲，所以母亲不喜欢她的性格，想按自己的样子塑造她。结果，她变得不伦不类，学了母亲的一点皮毛，骨子里还是像父亲，内心无法协调。这样看来，"母亲对她从来都是鼓励"这句话要打一个折扣。也许母亲嘴上是鼓励，但内心是责备，而她是一个敏感的孩子，能够透过母亲的鼓励"看到"母亲的责备。换句话说，母亲的鼓励是一种策略，或者手段，目的是改变她。之所以要改变她，是因为母亲不喜欢她，对她不满意。

她一直在讨好母亲。为了讨好母亲，她刻苦学习。现在，她在讨好男朋友。她在母亲面前有自卑感，在男朋友面前也有。母亲想塑造她，男朋友也对她期望很高。她没有变成母亲那样的人，也无法达到男朋友的要求。

她说她生活中最重要的两个人是母亲和男朋友。原先只有母亲，现在男朋友占了六成。男朋友希望她将来月收入达到一万元，经济上独立，不依靠他；最好生活上也独立，不要依赖他。可是，她的专业不吃香,毕业以后顶多当个中学教师,拿三千元的工资。即使是这样的工作,也不一定马上就能找到。

第四章

表里如一真的行得通吗 —— 单一的人格面具

分裂的面具如果势均力敌，就会轮流出场，或者一起上场。如果力量悬殊，就会一边倒，一个长期占据人格中心，成为主导面具；而一个彻底压抑，从而导致面具单一。面具单一非常普遍，几乎所有的人都是单一的，因为没有一个人能够把所有的面具都展示出来。因为单一，才显现出人的个性。

面具单一主要有三种情况：一是主导面具非常突出，几乎占据了"人格"的全部，弗洛姆称之为"单面人"；二是某个面具非常强大，与之对立的面具没有机会露面，给人感觉性格比较"偏"，不全面，不像一个有血有肉的人；三是除了主导面具之外还有一个面具，它频频露面，"强迫性重复"，给当事人的人生涂上某种色彩。

一般说来，单一是相对的，压抑是暂时的，被压抑的面具迟早会露面，表现为发作和干扰，或者投射到别人身上。发作和干扰具有强迫性重复的特点，有时候很难与面具单一相区别。例如，冲动控制障碍和成瘾行为都是发作性的，但发作太频繁，显得有些"单一"，而被归入面具单一。

如果环境也是单一的，而且面具和环境相适宜，那么面具单一就不是一个问题。除非环境改变，出现适应不良，或者当事人想"自我成长",或者他损害了别人的利益,难以承担社会压力。

第一节　单面人的苦楚

一个人如果只有一个面具，在任何场合都使用同一个面具，他就是弗洛姆所说的"单面人"。在错综复杂的社会环境中，单面人把自己限制在某个特定的位置，与外界彻底隔绝。他的行为完全符合环境的要求，非常适应环境。但是，如果离开这个环境，他将无所适从，甚至无法存活。所以，他依赖自己的环境，不愿意离开。他努力维护这个环境，害怕变化，反对改革。

单面人总是非常有个性，非常"典型"，用几个形容词就能把他的特征描写清楚，譬如勇敢、老实、勤奋，或者好与坏。别人对他的评价往往也是非常一致的，因为他只有一个面具，在任何人面前都是一个模样。

单面人只适应一种环境，换了环境就会很不适应。所以，他可以适应得非常好，也可能适应得非常不好，这完全取决于你把他放在什么环境里。同样，他和有些人关系非常好，和有些人则根本无法相处。当然，也有一些单面人和任何人都相处得很好，因为他的主导面具是"老好人"。

模范教师

她以前是老师，现在是老师的老师。她读师范的时候就很优

她只有一个面具,在任何人面前都是一个模样

秀，不但成绩好，而且颇具领导才能。毕业以后，她被分配到一所乡镇小学。三年之内，她拿了十来个奖，有区里的、县里的、市里的。她是当地第一个获奖的老师，一所市重点学校的校长对她非常赏识，就把她调了过去。到了新的岗位，她还是不停地拿奖，后来调到教育局，专门负责教师培训。

她来找我是因为儿子考试"晕场"，平时作业完成得很好，该掌握的都掌握了，可是一到考试，尤其是大的考试，他就犯糊涂，考得不是一般差，有一次只考了三十多分。问他当时在干什么，他说自己在认真考试，脑子很清醒，考完之后估分，都能估到八九十。问他考试的时候是不是很紧张，他说不紧张。

我跟孩子聊了一下，发现他确实糊涂，甚至可以说麻木。问他什么，他都说不知道；而看他的表情，又不像是跟我抵触。我把他转介给同事去做沙盘。

有一次，她丈夫带孩子来做沙盘，我和他聊了一下。他说，他知道问题在哪里。妈妈太强势，高压政策，过分严厉，孩子没有自己的思想，完全是为家长学习，所以没有责任感。他也是老师，他觉得应该尊重孩子的天性，提倡"快乐学习"。看样子，父亲是站在儿子一边的。

果不其然，当我告诉她，孩子的问题可能是教育方式不当引起的，她就向我控诉丈夫。说他对孩子放任自流，过分迁就，她教育孩子的时候，他还跟她唱反调。不光他这样，他们全家都这样。爷爷奶奶对孙子宠得要命，真把他当小皇帝了。她还说，丈夫就是一个不求上进的人，糊里糊涂地过日子，职称也不去评，整天跟朋友喝酒、打牌，没有一点责任感，天塌下来也只管呼呼大睡。

我告诉她，父子俩这个样子，很可能是她"配合"出来的。家里有一个人太能干，其他人就没事情干了。她已经把家经营得很好了，丈夫还有什么必要出去打拼呢？她已经把教育孩子的重担扛起来了，丈夫还有什么必要插手呢？也许她认为有必要，但他认为没必要。人的天性都是懒惰的，如果可以不劳而获，干吗非要拼死拼活？

她说她最看不起不思进取、不劳而获的人。我告诉她，他们这个样子，其实是她一手"导演"的。她剥夺了儿子的自主权，所以儿子就没有自主性了；她剥夺了丈夫的"夫权"，所以丈夫就不像一个一家之长了，也不去承担一家之长的责任了。

她反问我，刚才不是说她"配合"吗？怎么现在又说她"导演"了？我说，是配合还是导演，主要看变化的大小，变化大的是配合，没变化的是导演。她承认自己没有多少变化，丈夫变化比较大。结婚之前，他还是比较阳光、比较上进的。如果是现在这个样子，她根本不会嫁给他。

她说她有教师情结，对教师很崇拜，从小就想当老师，高考分数考得很高，但她还是报了师范。所以，还没报到，就已经被老师定为班长。她当了四年班长，后面三年是竞选的，根本没人跟她竞争。她还当过学生会主席、团委书记，经常在大会上发言、表态，代表师范生或青年教师表决心。她为自己能够成为一名教师而感到光荣和自豪，她的理想就是成为一名优秀教师。她严格要求自己，时刻提醒自己是老师，要为人师表，以身作则。

我问她在家里是不是也把自己当老师。她说是的。自从当了老师的老师,她就理直气壮地管丈夫了。我问她:"在别人面前也当老师吗?"她说"当然",谁都知道她是老师。

第二节 人格障碍本就是面具单一

人格障碍的特点是：某种性格特征非常突出，明显偏离常态，给人感觉比较怪异，与环境格格不入，常常导致人际交往困难。从人格面具的角度看，人格障碍就是面具单一。病人只有一个面具，不会变通，而且多半是原型面具。

精神分析认为：心理障碍就是心理幼稚，人格障碍也是如此。人格障碍的主导面具都是儿童面具，即苦命人面具、讨好者面具、叛逆者面具和幸运儿面具。边缘性人格障碍的主导面具是苦命人面具，依赖性人格障碍和表演性人格障碍的主导面具是讨好者面具，反社会性人格障碍、回避性人格障碍、强迫性人格障碍、分裂性人格障碍和偏执性人格障碍的主导面具是叛逆者面具。

上述这些人格障碍中，边缘性人格障碍的情况要复杂一些。它实际上是集叛逆者和讨好者于一身的，有时候是叛逆者，有时候是讨好者，同时还有自我否定、自我挫败、自伤、自残、自虐甚至自杀。这些都是苦命人面具的表现。因此，可以把边缘性人格障碍概括为苦命人面具，苦命人面具是它的主导面具，讨好者面具和叛逆者面具是从苦命人面具派生出来的。

边缘性人格障碍为什么是苦命人？大量研究已经证实：边缘

性人格障碍与童年遭受的虐待有关。被虐就是受害，所以被虐的孩子都有一个非常强大的受害者面具。为了摆脱这种处境，他们会把自己变成讨好者，或者叛逆者，因为讨好可以平息虐待，叛逆和反抗可以对抗虐待。但是，如果受害者面具很强，它会阻止自己从痛苦的命运中摆脱出来，换句话说，它有继续当受害者的倾向。一方面表现为臣服于迫害者，像受虐狂，或者斯德哥尔摩综合征，心甘情愿受奴役，这一点类似于讨好者；另一方面表现为"欠扁"，也就是通过激怒别人而使自己受到伤害，这是叛逆者面具的一项功能。

综上所述，边缘性人格障碍表现出来的是讨好者和叛逆者，骨子里却是苦命人，讨好者和叛逆者是从苦命人派生出来的，表面上是为了摆脱痛苦的命运，其实是维持、巩固和重演痛苦的命运。

依赖性人格障碍的主导面具也是讨好者面具，但与表演性人格障碍不同。表演性人格障碍是主动讨好，用聪明、能干来博取别人的喜欢；依赖性人格障碍是被动讨好，用听话、乖巧来博取别人的喜欢，甚至用装可怜、施苦肉计来博取别人的同情。相比之下，表演性人格障碍离苦命人远一些（靠近幸运儿一边），依赖性人格障碍离苦命人近一些。依赖性人格障碍差不多正好落在受虐狂和斯德哥尔摩综合征这个点上。

反社会性人格障碍、回避性人格障碍、强迫性人格障碍、分裂性人格障碍和偏执性人格障碍的主导面具都是叛逆者面具。为什么这么说呢？叛逆者面具有两个特点：一是做不该做的，包括破坏、违纪、冲动、伤害；二是该做的不做，包括回避、抵制、怠慢、被动攻击。

反社会性人格障碍主要表现为做不该做的，回避性人格障碍等主要表现为该做的不做。反社会性人格障碍与回避性人格障碍的另一个区别是：前者把别人变成受害者，以进攻为主；后者把自己当作受害者，以防守为主。

强迫性人格障碍也把他人想象得非常可怕，但它坚信只要把事情做好，就不会受到伤害，因此自我要求很高，做事非常认真，近乎苛刻。认真做事也是一种讨好，所以强迫性人格障碍兼有讨好者面具，它是回避性人格障碍和依赖性人格障碍的混合。强迫性人格障碍常常把自己弄得很累、很苦，说明它的苦命人面具也很强。

分裂性人格障碍坚信现实真的很可怕，于是把自己封闭起来，不跟别人来往。这是回避、抵制、怠慢、不屑的表现，是无声的抗议和无形的叛逆。

偏执性人格障碍是被动攻击者中最主动的一类，它会对假想敌发起攻击。但和反社会性人格障碍不同，偏执性人格障碍攻击他人是为了防守和自卫，即使先发制人，也是出于无奈；而反社会性人格障碍是真正的主动进攻，根本不需要理由。

同是叛逆者，回避性人格障碍等离苦命人近一些，反社会性人格障碍离苦命人远一些（靠近幸运儿一边）。依次为强迫性人格障碍、回避性人格障碍、分裂性人格障碍、偏执性人格障碍和反社会性人格障碍。

第三节　偷窃是让父母难看的手段
——冲动控制障碍

冲动控制障碍是一种心理障碍，包括纵火癖、偷窃癖、病理性赌博、购物狂等。其特点是经常出现某种非常强烈的冲动，伴有内心紧迫感，甚至痛苦，不得不付诸行动，事后有解脱感和轻松感。这种行为用批评教育和处罚是改变不了的。

冲动控制障碍和强迫症有某些相似之处，所以统称为"强迫谱系障碍"。后者还包括药物依赖、进食障碍（贪食症和厌食症）、网络成瘾等。这些"强迫谱系障碍"也被称作"成瘾行为"。

偷窃癖

求助者是一位高三女生，父母都是高级知识分子，家庭条件相当好，本人又是品学兼优，很受老师和同学的喜爱。谁也不相信，她居然会偷东西。有一天，她在学校食堂偷同学的钱包，被监控器拍了下来。铁证如山，谁也无法否认，于是引起了老师和家长的重视。在母亲的陪同下，她来到了我的心理咨询门诊。

她对自己的所作所为供认不讳，但是又感到迷惑不解。她说，她经常是在看到某件东西的时候突然出现心慌、气促、坐立不安，同时产生一种强烈的冲动，非要把这件东西拿过来。然后，她的行为就不受自己控制了。拿了东西以后，全身舒坦，好像美美地睡了一觉或洗了一次桑拿。这种情况是在两个月前开始的，她已经作案十几起，偷到现金一千多元，还有一些食物、玩具、装饰品、生活用品。钱存在银行里，食物吃掉了，物品藏在皮箱里。

她不知道自己为什么要这样做，她并不缺钱，她所偷的东西自己都买得起。她知道这样做是不对的，如果被人抓住，就会身败名裂，所以竭力克制自己，但是发作的时候就没有克制能力了。

第一次咨询，我布置了以下作业：由校长亲自告诉她，学校的每一个角落都装了监控器，她的一举一动都受到监视，如果再犯，处罚是非常严厉的；找几个要好的同学24小时陪伴，禁止单独行动；写一篇自传。

一周后复诊，她带来了自传。从自传中发现，她的父母非常严厉，对她要求很高，所有的事情都有严格的规定，她根本没有机会自作主张。如果违反规定，父母从来不打不骂，而是跟她讲道理。父母都是高级知识分子，她永远讲不过他们，只能无奈地认错，然后改正。大多数情况下，认错是违心的，她口服而心不服。从小学五年级开始，她学会了说谎。被父母识破了几次后，她说谎的本事大大提高，以后就再也没被识破。因此，在父母的眼里，她一直是个好孩子。对于这个"好孩子"来说，说谎成了一种乐趣，是暗中对付父母、报复父母的一种手段。在心理学中，这种情况称为"被动攻击"。

我向求助者解释，她的偷窃行为也是一种被动攻击。她悟性很高,一点就通,随即表示要把被动攻击变成主动攻击,把自己的意愿和不满直接表达出来,改掉阳奉阴违、口是心非的毛病,不再当面唯唯诺诺,背后做"小动作"。

征得她的同意后,我把她的自传给她的父母看,他们看了以后非常震惊,开始反思自己的教育方式。

最后一次咨询,一家三口都来了。他们分别表演了过去的教育方式和现在的教育方式。过去的教育方式是以理压人,现在的教育方式是尊重、理解和支持。

偷窃癖是"小偷面具"的显现。每个人都有小偷面具,绝大多数人都曾经偷过东西,但偷窃的原因和目的各不相同。有的人是因为缺少或需要某样东西而去偷,有的人是因为嫉妒别人拥有某样东西而去偷,有的人是为了引起别人的关注而去偷,有的人是为了让某人难堪而去偷。这位求助者属于后面两种情况。

偷窃是她表达心声的一种方式。如果别人没有"听见",说明表达无效,必须继续努力,直到别人"听见"为止。只有东窗事发,他们的心声才会被"听见"。所以,偷窃癖病人总是不遗余力地暴露自己,不达目的,誓不罢休。问题是,周围的人能不能"听懂"他们的心声。

对她来说,偷窃也是让父母难堪的一种手段。因为父母都是高级知识分子,是非常体面的人。她对父母的某些做法感到不满,但又不敢正面反击,正面反击也不起作用,只好被动攻击。如果父母没有发现,被动攻击就起不到让父母难堪的作用。所以,她必须暴露自己,让父母知道她做了一件极不光彩的事。

因此，偷窃癖通常都有不断升级的特点，开始小偷小摸，后来越偷越大、越来越大胆，甚至发展成公开抢夺，最后被人抓住。对于这种现象，一般的解释是：每一次得逞都是对偷窃行为的奖赏，所以兴趣越来越高，胆子越来越大。其实，这只是表面现象，真正的原因是希望被抓，希望受到惩罚。

大多数偷窃癖病人的道德观念是很强的，他们知道偷窃不对，会受到惩罚，但是又控制不了自己。**对于他们来说，做了坏事没有受到惩罚跟做了好事没有受到表扬一样，心里是不舒服的。只有受到了应有的惩罚，心里才会踏实**。偷窃行为的升级就是为了暴露自己，最后受到惩罚。

第五章

挣脱束缚的牢笼——发作的人格面具

面具单一意味着相反的面具受到了压抑。如果压抑非常彻底，那么，被压抑的面具可能一辈子也没有机会露面。如果压抑不彻底，总有一天会冲到前台，导致心理障碍发作。所有发作性的心理障碍，包括短暂性精神病发作、癔症、抑郁症、惊恐发作、恐惧症、急性应激障碍、反应性精神病、发酒疯等，都属于这种情况。

有些发作是有原因的，例如恐惧症、急性应激障碍、反应性精神病等；有些没有明显的原因，例如短暂性精神病发作、癔症、抑郁症、惊恐发作等。这取决于被压抑的面具的强度。如果强度不大，则只在外界因素的作用下发作；如果强度很大，即使没有外界刺激，也会"自动"发作。

对于有原因的发作来说，原因就是"适宜的情境"，它往往也是面具形成的最初情境。面具当初就是在这种情境下形成的，一旦情境再现，面具就会"被召回"，自动登场。当然，除了原初情境，类似的情境也能激活面具，这取决于相似的程度和面具本身的强度。

发作会给生活和工作带来不好的影响，所以总是遭到进一步的排斥和压制。而发作本来就是压抑引起的，压制是无法彻底防止发作的。相反，越压抑，越容易发作。因此，一旦发作，**就要**

让它释放，然后予以安置。发作，是发现被压抑的面具并整合这些面具的良机。

第一节　谁偷走了你的快乐——抑郁症

抑郁症是苦命人面具的显现，这个面具平时躲在暗处，不为人知，一旦被某种因素激发出来，成为主导面具，就会使人陷入抑郁状态。苦命人面具属于原型面具，每个人都有，因为每个人都经历过痛苦。

当一个人正在遭到伤害，毫无反抗的能力，也没有逃跑的机会时，他的内心是非常绝望的，心身医学称之为习得性无助（learned helplessness）。这种状态就是所谓的"心死"，不会抗争，不会逃跑，因为抗争和逃跑是没有用的，无法消除痛苦。整个人被痛苦所笼罩，什么也不能做，全面压抑。最彻底的压抑是死亡。彻底压抑的苦命人不多，大多数苦命人多少抱有一点希望或幻想，所以他们会求饶、逃跑或者抗争。

苦命人面具有两个变体：弃婴面具和受害者面具。

每个人都有弃婴面具，因为每个人都曾经被"遗弃"，只因有些人被遗弃的时间很短，没有造成严重的创伤，对将来的生活影响不大。但是，如果遇到生命攸关的事件，这个面具还是会被激发出来的。

客体关系理论认为，婴儿没有统合能力，他对事物的感知是分裂的。妈妈悉心照顾他，他就认为她是好妈妈；妈妈一时疏忽，

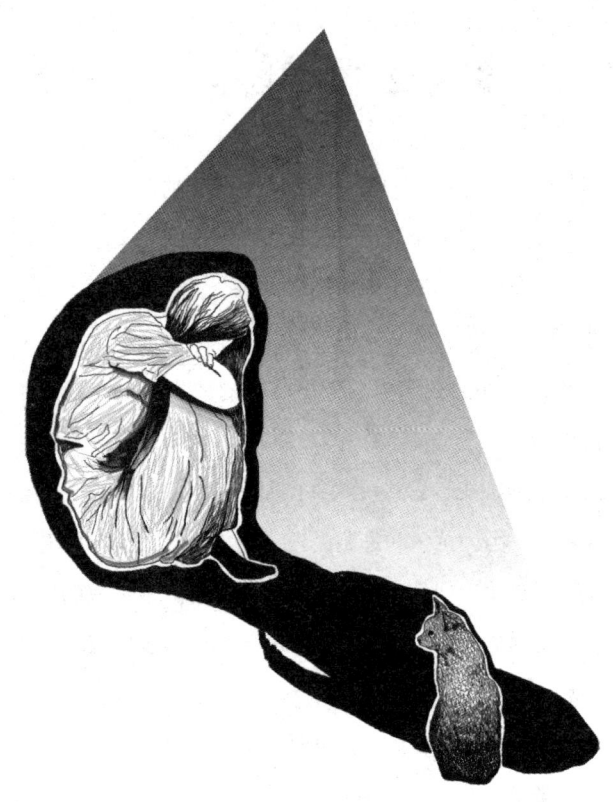

抑郁症是苦命人面具的显现

他就认为她是坏妈妈。实时照顾、毫无疏忽的妈妈是不存在的,绝大多数妈妈大部分时间能够悉心照顾,偶尔疏忽一下。温尼科特称这种妈妈为"足够好的妈妈"。有一个足够好的妈妈,孩子就能健康成长,这样的孩子仅有轻微的弃婴面具。如果妈妈不够好,疏忽多于照顾,弃婴面具就会很强大。如果妈妈彻底遗弃了孩子,弃婴面具就会成为主导面具。

弃婴面具的特点是缺爱、被忽视、不被人喜欢、无价值感、分离焦虑、被抛弃、被拒绝、无助、孤单。由此会产生两种相反的继发反应:一是索爱、依赖、讨好、自强不息、完美主义,称为"讨好者"面具;二是自我挫败、自怜、作践自己、自虐。前者是为了摆脱被遗弃的命运,后者是为了维护弃婴的身份。两者结合,产生第三种继发反应——过分顺从、委曲求全、舍己为人、大公无私,表面上是试图摆脱被遗弃的命运,实质上是维护弃婴的身份。

奥托·兰克(Otto Rank)认为最早的心理创伤是出生,称为"出生创伤"。孩子一出生,第一件事就是哭。哭是因为丧失,因为分离,因为无助,哭是求助。离开子宫,切断脐带,等于被逐出伊甸园。从此以后,要靠自主呼吸来保持血氧浓度。所以,出生就是被遗弃。

过去,人们都是在家里生孩子的。孩子出了子宫,就来到妈妈的怀里。被遗弃的时间短,失而复得,不容易造成伤害。随着医学的发展,生孩子也变成了"流水作业"。孩子一生下来,就被送到婴儿室。许多孩子在一起,哭声此起彼伏,犹如弃婴大合唱。每隔几个小时,婴儿会被抱去吃奶。吃完了奶又被送回婴儿室。如此持续三到七天，终于彻底回到妈妈身边。这段经历大大地强化了弃婴面具。有一段时期，医院小儿科搞"无陪制度"，孩子住院，家长不能陪伴。这对幼儿也是一种创伤。上幼儿园，甚至上小学，都会引起分离焦虑，会不会激发弃婴面具，则取决于弃婴面具的强度。

弃婴面具的另一个来源是母亲的疏忽。即使是最称职的母亲，偶尔也会疏忽，不能及时关注孩子，当孩子觉得被遗弃，就会放声大哭。哭声引来母亲的关注，弃婴面具暂时退场。如果母亲很不称职，弃婴面具就会得到强化。

受害者面具的特点是痛苦、压抑、绝望、"心死"，也有三种继发反应，一是通过求饶、妥协、抗争或逃跑，摆脱被害的命运，相当于"讨好者面具"和"叛逆者面具"；二是通过认罪、自裁、赎罪，维护受害者的身份，称为"罪人面具"；三是二者的结合，如示弱、挑衅、以死抗争，表面上是试图摆脱被害的命运，实质上是维护受害者的身份。

求饶就是讨好，大多数人遭到攻击时都会呈现出讨好的姿态。有人认为，苦命人和讨好者在许多方面表现相同，很难分清楚哪种表现属于谁。譬如，他们都是蜷曲身体，低头，下跪，哭泣。不过，讨好者往往表现得比苦命人更加夸张。这是因为，讨好者表现夸张，可以更加有效地抑制对方的攻击性，使伤害早点停止。

如果再过激一点，受害者就会变成自虐狂。自虐等于替迫害者伤害自己，这样一来，迫害者就不用亲自动手了，来自他人的伤害就提前结束了。另外，受害者常常会有罪人面具。他认为自己命中注定要受苦，受苦是一种报应，因为他曾经做过坏事。所以，他必须受苦，他心甘情愿接受惩罚，甚至主动要求多受一点苦，以便早点解脱，这叫赎罪心理。重大灾害的幸存者常常有这种心理，他们失去了享乐的能力，为自己还活着而感到愧疚和自责，有的人甚至因此而自杀。

有些受害者试图逃跑，而且成功逃脱。他们不是真正的受害者，而是潜在的受害者。他们总是担心受到伤害，所以一直保持警惕，随时准备逃跑。潜在的受害者就是"胆小鬼"，他胆子很小，很怕受到伤害，对伤害非常敏感。草木皆兵，有许多假想敌。在他眼里，外面的世界非常可怕，他人就是地狱。如果他能量稍大一些，很可能就变成了偏执狂。偏执狂也担心别人伤害他，甚至认为别人已经伤害他，所以他反抗或者诉讼。受害者很容易变成报复者，他受到了伤害，必须让别人也受到伤害，以牙还牙，以血还血。从受害者变成报复者，就是对迫害者认同，自己变成迫害者。

所有这些努力虽然是为了摆脱受害的命运，但结果很可能是招来更严重的伤害。例如，求饶、妥协、讨好就是示弱，会让别人觉得你好欺负，因而肆意欺负你；整天战战兢兢、诚惶诚恐，像受了惊的兔子，把别人都当成迫害者或假想敌，就是向别人投射迫害者面具，有的人就会接招，真的变成迫害者；认罪、赎罪、自裁、自虐，则是自讨苦吃，有的人会乘机帮你一把；而抗争和报复，很可能会被对方视为挑衅或叛逆，从而遭到更严厉的打压。

受害者面具是怎么形成的？研究结果表明很多是由于虐待，

包括身体虐待和性虐待。我们可以把虐待理解为毫无理由的肆意伤害，完全是伤害者自身的问题造成的。伤害者可能有精神病、人格障碍、酗酒，或者受了精神刺激。因为没有理由，所以受害者不知道怎么求饶，不知道怎么抗争，不知道往哪里逃，顿时陷入"无助无望"状态，苦命人面具一次成形。这样的伤害者就是恶魔。

第二种是有理由的伤害，理由就是受害者做错了事要对其进行惩罚，美其名曰"管教"。伤害者以明君自居，惩恶扬善，奖优罚劣，有人做错事情或表现不好，他就要严惩不贷。因为有理由，所以受害者可以纠错改正，投其所好，把握局势，摆脱受苦。但是，有些受害者没那么聪明，揣摩不出伤害者的意图，以为对方没有理由，因而误认为对方是恶魔，从而形成苦命人面具。除了身体的伤害，还有精神的伤害。比如有的迫害者不打人，专门骂人，也可以塑造出受害者面具。

第三种情况是自然因素造成的伤害，例如受伤或生病也可以使人形成受害者或苦命人面具。

还有一种情况比较特别，就是开玩笑。很多大人喜欢跟孩子开玩笑，逗孩子玩，"吓唬"他，跟他唱反调，故意把他惹急。有些孩子知道是开玩笑，就以游戏的心态应对；有些孩子则会把它当真，以为大人不喜欢他，故意让他难受。孩子会觉得很受伤，从而认定对方是不折不扣的恶魔。有些人，名义上是开玩笑，但也不能排除"施虐心理"在背后作祟。他们的玩笑往往开得比较过分，非把孩子惹急了、弄哭了不可。孩子越是心急如焚、哭笑不得，或者叫苦连天、哭爹喊娘，他们越开心。所以，跟孩子开玩笑要注意，不能把玩笑变成伤害，更不能以开玩笑的名义"虐待"孩子。

"幸福"的女人

她因产后抑郁症来找我，在其他医院做过心理测验，症状轻微，我把她转介给一位同事做心理咨询，效果相当不错，但不够彻底。三个月后，她要求我给她做心理咨询。

她说自己很幸福。父母对她好，老公对她好，公公婆婆对她好。我说，这些肯定不是抑郁症的发病原因，我让她说说不好的，譬如生活中有哪些不如意。她说，没有任何不好。

无奈之下，我给她做了催眠。经过催眠诱导，我让她进入一个地下室。她说，地下室里杂乱地堆着棍子、石头，还有一只箱子。打开箱子，里面是螺丝刀、扳手，还有一张A4纸，纸上写着几个英文字母，她不懂英语，不知道是什么意思。我问她："纸是谁放在箱子里的？"她说是她老公藏的，不想让她知道。我问，她老公为什么把纸藏在箱子里？她说是一个女孩给她老公的，后来纠正说是两个女孩，但她不知道是哪一个。这两个女孩都在老公厂里工作，一个是老公的表妹，一个是表妹的同学。我让她问问老公的表妹纸是不是她的。表妹说："怎么可能啊！"我让她问表妹的同学，同学沉默。看来她默认了。我让她再问她为什么把纸给她老公，英文是什么意思。她不回答。

我告诉她，她并不像自己所说的那么幸福。她的内心压抑着很多东西，只是她不愿意承认而已。

她是在生孩子的时候发病的，因为"麻醉过量"，她呼吸困难，感觉自己马上就要死了。从那以后她就非常怕死，天天想到死。家人对她好，她会想，是不是自己得了绝症了？想到自己死了，孩子怎么办？老公怎么办？父母怎么办？

她之前已经有一个孩子，今年六岁。我问她，既然已经有一个了，为什么再生第二个。她说她喜欢孩子，觉得一个不够，而且她一直不工作，闲着没事，就再生一个。我问她为什么不工作。她说自己学历不高，没有一技之长，很难找到好的工作，而工资太低她又看不上。

她说自己喜欢孩子，但是两个孩子却都让别人带。我问她为什么让别人带。她说她不会带，带孩子太累。我问她知不知道孩子让别人带是不好的。她说，不会啊，她小的时候就是别人带的，不是好好的吗。我心想：这还好啊？

她说她从小学习就不好，但一直当班干部。当班干部是因为能说会道、能歌善舞，讨人喜欢。因为学习不好，同学不服她，她也感到自卑。我问她为什么不把学习抓上去。她说学习太累。我说讨人喜欢也很累啊。她说她喜欢，所以不觉得累，但是现在后悔了。她喜欢打扮，喜欢买东西，喜欢花钱。小时候家里条件一般，但她给人的感觉却是家里很有钱。她现在有钱了，但是跟周围的人相比，还想赚更多的钱。她老公家里是办厂的，但老公不会经营，事业在走下坡路。她不断地给老公打气，老公毫无反应。她只好自己出马，贷了一大笔款，扩大业务。结果，效益不好，利息又高，压力很大。现在有了第二个孩子，压力更大了。

她认为她的病是生活压力引起的。我说压力也是她自找的。已经有一个孩子了，干吗非要再生一个？办厂是老公的事，她干吗非要自己挑大梁？

她的话很矛盾，喜欢孩子，却不自己带；很幸福，又觉得生活没意思；家里条件一般，却"假装"很有钱；现在有钱了，但还想赚更多的钱。她说家人对她好，她就认为可能是因为自己得了绝症，这是"受宠若惊"的表现。如果家人一直对她好，怎么会受宠若惊呢？她说以前家人对她没这么好。

到此为止。我已经识别出她的五个面具：弃婴面具，小时候被父母"抛弃"，现在"抛弃"自己的孩子；讨好者面具，由弃婴面具转化而来，通过讨好别人"包装"自己，赢得别人的认可，同时压抑自己的真实感受和想法，毫无原则地把别人的观点吸收过来，"以为"自己很幸福；公主面具，对生活要求高，有品位，需要更多的钱，怕累，所以不工作，也不自己带孩子，但在现实面前，这个面具是不满足的；苦命人面具，由弃婴面具和公主面具转化而来，有太多的不满足，所以觉得自己命苦，家人对她好，她还觉得自己不配，怀疑是因为自己得了绝症；女强人面具，小时候当过班干部，现在嫁给一个"窝囊"的老公，她只好自己出头，所以压力很大。

第二节　无病呻吟的心理病症——焦虑症

　　弃婴面具和受害者面具都会焦虑和恐慌，焦虑和恐慌是对被遗弃和受伤害的反应，也是努力挣脱被遗弃和受伤害的状态的表现。如果不挣扎了，那就是纯粹的苦命人了。我们把挣扎中的苦命人称为"遇难者"，焦虑症是遇难者面具的显现。

　　一般人遇到危险的时候都会紧张、焦虑、害怕、恐慌，然后叫喊、呼救、奔跑、躲避、砸东西，最后得到别人的救助，或者自己逃脱，否则就是一命呜呼。这一系列情绪和行为构成一种"模式"，定格在"神经回路"和人格结构中，形成遇难者面具。

　　每个人都有遇难者面具，因为每个人都曾经遇到过灾难。人生的第一次遇难可能就是出生。离开母体，被"抛进"空气中，脐带随即被剪断，这是多么危险啊。所以情急之下就哭了，这一哭，打开了呼吸通道，于是有了自主呼吸。从此以后，一旦觉察到危险，人就会大声地哭。哭声是对妈妈的呼唤，妈妈来了，危险就被排除了。

　　其实哭有很多种，伤心的哭、委屈的哭、害怕的哭、求救的哭都是不一样的。伤心的哭和委屈的哭可以是无声的，害怕的哭和求救的哭一定是非常大声的。遇难者的哭就属于害怕的哭和求救的哭。

遇难者面具是有作用的。一个人如果没有遇难者面具，遇到危险也不知道害怕，不会求救，也不会逃跑，后果可想而知。如果遇难者面具太强，就会对危险"过敏"，整天提心吊胆，忧心忡忡，这就是焦虑症了。遇难者面具怎么会太强呢？最主要的原因是：曾经遇到了非常危险的事情，造成了严重的心理创伤，留下了很深的阴影。

面具的形成有两种形式：一种是常规的，通过长期、重复的实践而形成；一种是非常规的，一次"曝光"，终生不忘。心理创伤就属于后面这种情况。在应激状态下，人的意识或理智会受到破坏，意识的"过滤"作用消失了，外界信息长驱直入，在心灵深处"曝光"。除此之外，过度兴奋、过度疲劳和催眠状态下也容易发生"曝光学习"。

创伤的体验是痛苦的，一般人都不愿意回忆，甚至要努力忘掉。努力忘掉其实就是压抑。可是面具是有能量的，如果释放了也就变弱了，如果一直压抑着，能量就会聚集起来，变得越来越强，最后在不该出来的时候冲出来，导致焦虑发作。

因为是在并无实际危险的情况下出现焦虑症状，所以又被称为"无名的焦虑"。病人知道这种焦虑是不应该的，是不合理的，是没理由的，所以进一步压制。实在压制不住，就找医生，医生用自己的知识和经验帮助病人继续压制。结果，压制越厉害，能量聚集得越多，遇难者面具越强大，需要更厉害的压制。

治疗焦虑症的最佳方法是释放焦虑情绪。焦虑情绪释放了，遇难者面具变弱了，不会无缘无故地冒出来，就没有"无名的焦虑"和焦虑症了。

有些病人容易走极端,听说面具可以"释放",就要求把它彻底"释放"掉,不留一点儿痕迹。其实,没有遇难者面具也是不正常的,是危险的。想把遇难者面具彻底"释放"掉,说明病人仍然排斥这个面具。排斥就是压抑,所以让病人接受遇难者面具是很重要的。

第三节　更彻底的人格分裂
　　——癔症性精神障碍

　　分离障碍又称癔症性精神障碍，是癔症的一种表现，包括失忆、神游、情感爆发、多重人格和癔症性精神病。按让内的观点，癔症病人统合能力受损，整个意识被划分为不同区域，互相之间失去联系。正常情况下，"主意识"起作用；一旦发病，整个人就被某个"边缘意识"所控制，表现与平时截然不同。让内所说的"主意识"相当于主导面具，"边缘意识"相当于被压抑的面具。主导面具出场的时候表现正常，被压抑的面具一出来，就不正常了。由于主导面具和被压抑的面具本来就是对立的，有你没我，有我没你，因此发作的时候整个人与平时判若两人。

　　分离障碍和分裂的区别在于：分离障碍患者的两个面具地位不等，一个长期占据人格中心，一个偶尔露面；分裂的面具地位平等，轮流执政，平分秋色。

　　分离障碍不同于其他发作，发作的时候真的"变了一个人"，事后常常回忆不起发作过程。这说明：分离障碍的面具与整个人格的分裂更加彻底。

癔症发作的时候，真的像"变了一个人"

失忆

　　一个二十二岁的小伙子在亲戚家里打工,有一天早上起来,突然不会说话了。亲戚立即通知家长,家长把他送到医院。五官科医生给他做了检查,没有发现异常,怀疑他是癔症,把他转介到精神科。精神科医生排除了脑器质性疾病,采用暗示疗法,病人很快就能说话了。但是,他不知道自己是谁,也不认识家人和亲戚。医生试着给他做催眠,结果,要么催不进去,要么呼呼大睡。治疗了一个多月,毫无效果,只好先回家,另做打算。在回家的路上,他觉得什么都很新鲜,仿佛从来没有见过,所以充满好奇,非常陶醉。到了家里,他有一种熟悉感,但不知道这是谁的家。他知道什么东西放在哪里,日常生活轻车熟路、得心应手。但他叫不出生活用品的名称,家人只好从头教起,他学得很快。

　　这个孩子一定是遭到严重的心理创伤,无法承受精神痛苦,才把自己"整个"忘掉,全部交给一个从来没有露过面的面具。这个面具不认识家人,不认识家,也不认识"自己",所以觉得一切都很新鲜。他对所有的东西都很好奇,也很好学。他仿佛来自另一个世界,他无忧无虑、幸福快乐。

　　这个面具大概只有一两岁,这个年龄的孩子刚刚学会说话,词汇量比较少,很多东西不会命名,但学得很快。他也分不清七大姑八大姨,顶多觉得熟悉。所以,他虽然不认识家人,叫不出谁是谁,但是家人带他走,他一点儿也没有迟疑。

　　家人四方打听,终于了解到一些情况。发病前一天,他跟亲戚吵过架。他一直是个乖孩子,从来不跟人吵架。那一天却一反常态，吵得很凶。吵架的原因不清楚，按亲戚的说法，是因为他干活儿偷懒，亲戚说了他几句。这样的话以前也有说的，毕竟还是孩子，偷懒也是常有的事，想不到这一次反应这么激烈，他回亲戚的话非常难听。

我猜想，他在亲戚家里打工，亲戚并没有特别照顾，而是和其他工人一视同仁，甚至对他更严格一些，他一定觉得很委屈。但是，因为是亲戚不能撕破脸面，所以只好忍着，心里很压抑。那一天，他终于忍不住了，亲戚一训斥他，他就暴发了。他勃然大怒，破口大骂。如果当时手里有刀，他会当场把亲戚砍了；如果当时手里有枪，他会当场把亲戚毙了。因为没有刀，没有枪，所以没有酿成恶果。但是，这个想法已经在他的脑海里呈现，甚至已经被他说出来。**他为自己有这样的想法和说出这样的话而感到害怕，于是动用心理防御机制使自己失声，忘掉自己的想法，忘掉吵架，忘掉一切。**

不就是跟人吵架嘛，至于这样吗？吵架的时候就算说"我要杀了你"，也没什么大不了的。问题在于，他是乖孩子，从来没有吵过架，从来没有过如此"恶毒"的想法，所以才会吓着自己。同一个想法，同一句话，对不同的人来说，分量是不一样的。

从来没有吵过架，却吵得那么酣畅淋漓；从来没有过这样的想法，却这么想了。这说明他不是不会吵架，也不是不会这么想，而是压抑。也就是说，他有一个叛逆者面具，但一直处于压抑状态，表现出来的是讨好者。那一天，终于压抑不住了，他一反常态，变成了叛逆者，差点儿杀了亲戚。他为自己的表现感到震惊、害怕、后悔，于是重新把叛逆者压制下去。

第四节　身在曹营心在汉
——游离的人格面具

　　游离就是"身在曹营心在汉"，思想开小差，走神。多动症（学名"注意缺陷多动障碍"）的孩子经常这样。强迫症病人经常出现"杂念"，也就是强迫性思维，自己认为不应该、没必要，但控制不住。当杂念出来的时候，他们会跟杂念做斗争，其实跟杂念做斗争也是杂念，所以会游离得更加厉害。创伤后应激障碍的病人常常会出现"闪回"，也就是不由自主地回忆起创伤事件。闪回可以在梦里出现，经常做噩梦；也可以被某种情境激发，进而"触景生情"；还可以自动出现。自动出现的闪回与多动症（走神）、强迫性思维在形式上很难区别，但内容不同。走神就是想入非非，内容通常都是当事人所向往的；强迫性思维是当事人认为不应该、没必要的，所以会自我斗争；闪回的内容是创伤性的，令当事人感到痛苦，所以通常也会被竭力克制，但是，也有陷入很深"不能自拔"的。

　　人格面具理论认为：游离不仅仅是出现一种杂念，而是出现一个与情境无关的面具。杂念来自面具，是面具的组成部分。例如，上课走神是因为"小顽童面具"跑出来了。它之所以会在上课的时候跑出来，是因为它能量很大，需要释放。它之所以能量很大,是因为受到压抑,它还没玩够。闪回是因为遇难者面具跑出来了。创伤事件塑造或激发了受害者面具和遇难者面具,这两个面具令人痛苦,所以受到压抑。由于压抑,面具的能量得不到释放,聚集起来,达到一定程度,就会"闯入"意识,暂时成为主导面具。

与抑郁症、焦虑症、短暂性精神病发作和分离障碍相比,游离属于小发作、轻微发作或不完全发作。压抑的面具并没有控制整个人格,进而影响当事人的言谈举止,只是"闯入"意识,出现杂念而已。别人通常看不出来。最多发现他走神、发呆或心不在焉。

从某种意义上讲,做梦也是游离和轻微发作。幻想俗称"白日梦",更是游离和轻微发作。

第六章
主导面具与潜在面具的拉锯战——面具干扰

被压抑的面具有时候并不试图闯入意识，而是继续躲在幕后对外显的面具产生影响，从而干扰"正常"的心理活动，使人无法随心所欲、心想事成。

被压抑的面具是无意识的，它一直没有露面，我们只能根据当事人的表现去推断。例如：他想做某件事，但是由于干扰，最后没有做成。他想做某件事，这是他的目的；最后没有做成，这是结果。结果和目的不同，在排除了外界因素后，就提示存在另外一个面具，是它把行为导向这个结果。这个结果就是潜在的面具的"目的"。

一个人非常努力地去做某件事，结果没有成功，这叫**"事与愿违"**，原因是潜在的面具不想成功。相对于潜在的面具而言，主导面具的全部努力都属于"反向作用"。

如果潜在的面具能量更强一些，它会控制身体，使主导面具**"身不由己"**，做出一些与主导面具的目标不一致的事情。与事与愿违相比，身不由己的干扰作用更明显。

还有一种情况，比身不由己更严重，简直就是**"自我拆台"**。例如，很想做某件事，后来发现难度很大，担心自己做不好，干脆不做了。这说明："很想做"只是表面现象，潜在的面具根本不想做。有些求助者心里根本不想做某件事，但是，为了迎合别人，表面上积极地去做，暗地里把事情搞砸。别人责问他的时候，他却争辩说："我也是很想把事情做好的啊。可是不知怎么就搞砸了。"这不是干扰，而是狡辩。

第一节　为何总是事与愿违

许多人都有这样的经验：越想把一件事做好，越做不好。这是因为，他有两个面具，一个想把事情做好，一个不想把事情做好。想把事情做好的面具占主导地位，不想把事情做好的面具处于压抑状态。所以，当事人觉得自己是想把事情做好的，否认自己有不想把事情做好的想法。但是，结果总是非他所愿。

有一个面具，就会有一个与之相反的面具。有想把事情做好的面具，就有不想把事情做好的面具。想把事情做好的面具越强烈，不想把事情做好的面具也越强烈。反之，如果想把事情做好的面具不那么强烈，"平常心"一点，那么，不想把事情做好的面具也不会太强烈。这样一来，干扰就少了，更容易心想事成。

怀孕焦虑

她去年结婚，当时没想要孩子。半年前工作压力增大，想换一下岗位，就把生孩子当作理由。两个月没怀上，她就着急了，去医院检查，做了输卵管造影，结论是双侧输卵管闭塞，于是去上海做手术。复查发现输卵管是通的，但有子宫内膜异位，改为药物治疗。药物的作用是抑制卵巢功能，因而出现停经和更年期综合征的症状，如潮热、出汗、心慌、失眠、脾气暴躁，于是中

有想把事情做好的面具,就有不想把事情做好的面具

断治疗。医生说停药半个月，症状就会消失。今天是第十天，症状如故，她非常担心。

她认为自己好不起来了，再等十天也一样，因为不是药物的作用，而是心理障碍。她不只是失眠，而且是怕失眠。越怕失眠越失眠，恶性循环。想打断恶性循环，但找不到切入点。过去也曾失眠过，不理它，或吃一片安眠药就可以了。现在不行，不理它，失眠会影响怀孕；吃安眠药，会影响胎儿。她已经走进死胡同，进也不是退也不是，非常绝望，甚至想到了死。她认为自己得了抑郁症。

她说自己一直很顺，要什么有什么，想做什么都能成功，这一次遇到了大挫折，所以接受不了。她以为生孩子像造机器，想什么时候开工就什么时候开工，想什么时候完工就什么时候完工，一切都在计划中。

我问她，谁说失眠影响怀孕？她说想不起是从哪里听来的，但她坚信睡眠充足总比失眠好。我说我也相信睡眠充足比失眠好，但失眠对怀孕到底有多大的影响？我认为影响不会太大。如果失眠都会导致不孕，那就不需要避孕药了。

再说，两个月不怀孕是很正常的事，三年不怀孕才是不孕症，才需要做检查。她急急忙忙去做输卵管造影，属于"过度医疗"，可能是碰到了"江湖医生"。她说是自己求子心切。我有一种直觉，求子心切的背后可能是"害怕怀孕"。当然，这句话我没说出来。

刚结婚的时候不打算要孩子，这可以理解，现在很多人都这样。半年前突然打算生孩子，其动机不是真心喜欢孩子，而是为了逃避工作压力。所以，两个月不怀孕，心里就着急了，不知道如何向单位交代。做输卵管造影可能是上当受骗，治疗子宫内膜异位又是什么？使用抑制卵巢功能的药与生孩子是背道而驰的。

现在，她把注意力集中在失眠上，用失眠来"影响"怀孕：失眠不利于怀孕，吃安眠药影响胎儿。如果得了抑郁症，她更有理由担心要不要怀孕、能不能怀孕了。

她问我得了抑郁症怎么办。我如实回答："先进行心理调节。一个月无效就改用药物治疗，服药期间不能怀孕。"她表示同意。我建议她同时练练瑜伽，做做按摩，适量运动，夜里睡不着就把丈夫叫醒说说话，不要独自煎熬。

她说她已经决定回娘家住一段时间，让妈妈陪她散散心。我说这样也可以。等她走后，我发现我上当了——夫妻分居，怎么怀孕？

她有一个非常强大的不想要孩子的人格面具，暂且称之为"丁克面具"，同时又有一个非常想生孩子的人格面具，即"准妈妈面具"。在工作压力和社会舆论的影响下，丁克面具斗不过准妈妈面具，退居幕后，暗中破坏准妈妈的"造人"行动。先是以治疗子宫内膜异位症的名义抑制卵巢功能，然后用失眠"影响"怀孕，最后为了调养身体而夫妻分居。

第二节 失误是无意识的目的——自我拆台

"怀孕焦虑"里的"她"表面上很想怀孕,但是,她的有些做法与怀孕是背道而驰的。说明"她"不仅仅是事与愿违,还出现了自我拆台的苗头。

自我拆台非常普遍,而且很容易被识破。一个人如果很想做某件事,但是发生了一个失误,事情做不成了,就是自我拆台。例如,一个学生去参加一个非常重要的考试,结果把时间记错了;一个人很喜欢某部电影,结果到了电影院门口,发现电影票忘了带了;一个很想拿冠军的运动员,过度训练,伤了肌肉,结果不能参加比赛。弗洛伊德专门研究过"失误",认为失误是无意识的目的。

有的人甚至"故意"让自己失误。偷窃癖病人主观上是不想被别人发现的,但是,如果没被发现,他就会继续偷下去,直到被发现为止,似乎他的目的就是被发现。变态杀人狂喜欢在现场留下标志,目标是引诱警察来抓他。据说,如果遇到无能的警察,他们会很抓狂。这很像小孩子捉迷藏,如果长时间没被找到,会故意暴露自己。**躲起来的"目的"是被找到**。与此相似,恐艾症病人表面上害怕得艾滋病,不想得艾滋病。但是,阴性结果总是无法令他满意,他会一直检查下去,似乎就想得到阳性结果。完美主义就是通过无限制地提高要求，把自己打败。拿不了第一名就不参加比赛，得不到重视就自暴自弃。"宁为玉碎，不为瓦全""宁缺毋滥"都属于自我拆台。

阻抗分析

十年前他就想出家，但是，他放不下家里人。当时弟弟还小，家境比较困难，他是家里的主要劳动力。现在他还想出家，但是他放不下女朋友，他们已经恋爱了五年。

他的问题是：出家，还是成家。

为什么要出家？出家的原因是什么？他说了很多，但没说清楚，概括起来是：了断生死；更好地修行；人生无常；对婚姻有恐惧感；挣钱太少；看不惯家人的所作所为；父亲太专权、太霸道；禅定的感觉非常好。

父亲一直偏爱弟弟，弟弟做什么都是对的，他做什么都是错的；尽管事实证明弟弟所做的很多事是错的，他所做的是对的。他想证明自己，但是父亲总是视而不见。他认为父亲有问题，想纠正父亲，但是父亲非常固执。他们没有共同语言，一说话就吵架。

现在，父母逼他结婚。他没有房子，挣钱又不多，怎么结婚？再说，女朋友也有许多毛病，他一直想改变她，她却屡教不改。

他说他父亲霸道，其实他也很霸道，他凭什么认为父亲有问题、弟弟有错、女朋友有毛病？

他承认自己受了父亲的影响，变得跟父亲一样了。他知道这样不对，他担心自己将来也会像父亲对待他那样对待孩子，使孩子跟他一样不幸，一样心理不健康。所以，他不想结婚，结了婚也不能生孩子。但是，正如父母现在逼他结婚，将来也会逼他生孩子的。他很清楚父母惯用的伎俩。

看来，他是因为被逼无奈才想出家的。

其实没有人逼他，是他自己在逼自己。三十多岁的人了，干吗那么听父母的话？把父母的话当耳边风就是了。他说不是他要听，而是如果他不听，母亲会生气，会气出病来，甚至上吊、跳河。他不想让母亲伤心。

他被他们控制了。

我问他真的相信有西方极乐世界吗。他说他相信。那就好办了，立即出家。有这么好的事；还犹豫什么！

佛教讲"苦"，讲"空"。生老病死都是苦，尘世的一切都是苦，明白了这个道理，就要赶紧放下。生老病死也是空，一切约束、牵挂都是空，没有什么放不下的。

他说道理他都懂，但还没有领悟，所以需要修行。出家就是为了更好地修行。

我认为他根本不懂"一切皆苦，四大皆空，诸行无常，诸法无我"的道理，如果真懂了，就不需要修了。如果你真的知道有一面"墙"是纸糊的，就会敢于一头撞过去，而不需要先练头上的功夫。

他根本不相信佛教，所以需要修行。他也不相信修行，所以必须出家。学了十年的佛，他什么也没学到，也没有修行。做了三个月的心理咨询，什么问题也没解决，咨询师布置的作业也没有完成。他似乎是非常积极地寻求解决问题的方法，但是所有的方法在他这里都是行不通的。他把所有的路都堵死了，让自己动弹不得。他打败了自己，也打败了咨询师。咨询师和他一样感到无力、无助、无奈。

其实，他根本不想动弹。他所做的一切努力都不是为了出家或学佛，而是制止自己出家和学佛。十年来，他给自己找了一大堆借口：弟弟不懂事，家境困难，社会舆论，父母要他结婚生子、传宗接代，孝心，责任感，母亲生气，谈恋爱。

既然想出家，还谈什么恋爱？最近，他终于下了决心，跟女朋友分手了。按理说，现在可以出家了。可是，父母给他介绍对象，他居然去看了，而且感觉不错。既然感觉不错，那就成家吧。然而，他又说，担心感情深了摆脱不了，必须尽快出家。

他为什么不想动弹？因为现状对他是有好处的。可以满足他的某种愿望，他乐在其中，他习惯了。他的愿望是什么？就是跟父母继续纠缠下去，让父母不开心。

他有一个"出家人面具"，很想出家，出家的理由非常充分。同时，他有一个"孝子面具"，找了许多理由，制造了很多"事故"，不让自己出家。出家人在明处，孝子在暗处。

第三节 控制不住的强迫性恐惧

有的病人过分害怕某一事物,明知这一事物不存在或不会发生,并无实际的危险,不应该害怕,但怎么也控制不了自己的情绪,这叫"强迫性恐惧",是强迫症状的一种。从表面上看,病人有两个面具,一个害怕,一个认为不应该害怕。其实,还有第三个面具,它希望害怕的事情发生。换句话说,他有三个面具,一个是肇事者,它"想"某件事发生;一个是胆小鬼,它"怕"某件事发生;一个是明白人,知道那件事不会发生。胆小鬼和明白人都不希望那件事发生,目的相同,共同占据人格的中心位置;而肇事者受到排斥,处于潜伏状态,沦落为干扰面具。肇事者虽然没有露面,但是胆小鬼"感觉"到了它的存在,知道它蠢蠢欲动,所以非常害怕,不得不加强防范。

人都是怕死的。但是如果太怕死了,那就是心理障碍,称为"死亡恐惧症"。单纯的死亡恐惧症很少见,死亡恐惧症常常隐藏在惊恐障碍和疑病症之中。惊恐障碍的表现是"强烈的恐惧、焦虑,明显的自主神经症状,并常有人格解体、现实解体、濒死恐惧,或失控感等痛苦体验"。疑病症的表现是"对躯体疾病过分担心,其严重程度与实际情况明显不相称,反复就医或要求医学检查,但检查结果阴性和医生的合理解释均不能打消其疑虑"。

另外，抑郁症、焦虑症、强迫症、恐惧症也常常伴有死亡恐惧。症状严重的病人精神非常痛苦，常有生不如死的感觉，有的病人可能会以死来消除死亡恐惧。如果问病人到底是怕死还是想死，他们可能会回答说："既怕死，又想死。"这句话听起来是自相矛盾的。

根据精神分析，怕死有两种情况：一是现实恐惧，即生命受到威胁，死亡真的临近了；二是神经症性恐惧，即没有实际的生命危险，死亡是想象出来的。

活得好好的，为什么会那么怕死呢？

人有生的本能和死的本能。死的本能如果很强烈的话，就会给自己制造危险，发生意外，或者直接自杀。当一个人意识到自己的死亡冲动时，一定会非常恐慌，并采取措施避免死亡或防止自杀，这就是"怕死"。这说明：**想死和怕死是相辅相成的。想死是无意识的，怕死是意识的；想死是原因，怕死是结果。**

一个人如果一点儿也不想死，几乎没有死亡冲动，他就不会怕死，因为死亡跟他没有关系。随着死亡冲动的增强，他开始怕死了。当死亡冲动达到中等水平时，怕死是最强烈的。如果死亡冲动进一步增强，他会无意识地制造危险，使自己发生意外。当死亡冲动达到顶峰时，他就自杀了。

完全没有死亡冲动是不可能的，因为死的本能是与生俱来的，而且持续终生。所以，人人都怕死。但是，由于正常情况下死亡冲动很微弱，不太可能威胁到自己，所以怕死的程度不会太强烈。相反，当死亡冲动达到中上水平时，想死战胜了怕死，反而一点儿也不怕死了。这时候，人会变得异常勇敢，完全无视危险，甚至故意拿生命去冒险。

死亡冲动是年龄的函数，年龄越大，死亡冲动越强。另外一个影响因素就是心理创伤和心理障碍。心理创伤激发苦命人面具及其变体（遇难者面具、弃婴面具、受害者面具），而苦命人面具的特点是"心死"。心理障碍则大多数是苦命人面具的显现。

饮鸩止渴

他是"性病恐惧症"患者，病程十余年，吃过药，做过心理咨询，病情时好时坏。本次发病是因为老婆怀孕后，店面只能由他一个人经营，工作忙，导致精神压力大。他说他喜欢户外活动，不适合站柜台，整天困在店里，觉得很无聊，容易胡思乱想。知道自己的想法很荒谬，没有事实根据，但是还是控制不住去想，因此非常苦恼。

真的没有事实根据吗？

他想了一想说，当然是有根据的。他有过多次一夜情，有几次还忘了戴安全套。

病了十多年了，还敢搞一夜情，这不是找死吗？

他说，搞一夜情有两个原因：一是精神压力大，需要放松一下；二是理智上知道自己实际上没有得性病，"性病恐惧症"完全是自己吓自己。

他怕得性病，却继续搞一夜情，而经常搞一夜情，难免会得性病，说明他潜意识里就是想得性病。我想给他做精神分析，揭示症状的意义，探讨症状背后的原因。但是，他太焦虑了，急于想摆脱症状，无法对症状进行深入探讨。我让他"面对"症状，他绕来绕去，最后都会绕到如何缓解症状上去，把我也绕晕了。我告诉他，任何缓解症状的做法都是治标，应该彻底放弃。他反问我："彻底放弃了，症状就会减轻吗？"我说："放弃抵抗，接纳症状，症状就不会再困扰你。如果它不再困扰你，在和不在就没什么区别了。"

第二次咨询，他告诉我，他的症状有所减轻。我有点得意。结果，他说他从网络上学到了"思维阻断法"，控制住了症状。我告诉他，"思维阻断法"治标不治本，就是饮鸩止渴。他很无奈地说，他看过很多心理医生，也查过资料，什么样的说法都有，无所适从，不知道该听谁的。我说，"思维阻断法"对发病早期、症状还不是太严重的时候可能是有用的，对他这样的慢性、重型病例往往无效，甚至有反作用。阻断就是压抑，越压抑病情越重。对他来讲，释放才是最有效的。阻断是堵，释放是疏。水缸漏水了，可以堵一下；水库满了，只能疏。他一下子恍然大悟，他认为我说得很对——他的毛病就是憋出来的。有一段时间，他经常出去玩，登山、飙车、喝酒、搞一夜情，症状基本上就没有了。现在老婆怀孕了，一个人困在店里，没时间出去，症状就严重起来了。

我抓住时机，提出我的咨询目标：近期目标是通过体育锻炼，释放压力，缓解症状；远期目标是通过精神分析，查出症状背后的原因，把它"曝光"。

性病恐惧症是超我对本我的压制和惩罚。有的人得了性病恐惧症以后，就会洁身自好。而这位来访者"研究"了性病恐惧症，知道这种恐惧是没有事实根据的，是自己吓自己，不但不洁身自好，反而变本加厉，用一夜情来缓解焦虑和恐惧，简直就是饮鸩止渴。

第四节 心理问题的躯体化——心身障碍

心身障碍就是心理问题转换为躯体症状。心理问题之所以会转换为躯体症状,是因为它受到压抑,无法通过语言、行为和情绪表达出来,不得不用躯体症状来表达。病人对自己的躯体症状无能为力,身不由己,躯体症状干扰了正常的活动。严格地讲,不是躯体症状干扰了正常的活动,而是被压抑的面具借助于躯体症状,干扰了正常的活动。

心身障碍分三类:心身反应、心身紊乱、心身疾病。心身反应是一致性的,与心理问题"步调一致",心情不好的时候身体不适,心情好了,躯体症状消失。这样的躯体症状是功能性的。心身紊乱是持续性的,与心理问题之间存在"时差",心理问题"消失"了,躯体症状依然存在。严格地讲,心理问题没有消失,而是遭到压抑,转换成躯体症状,被躯体症状所取代。心身紊乱也是功能性的。心身疾病是器质性的,由于躯体症状久治不愈,最后发展成器质性病变。

其中,心身紊乱又可分三类:转换障碍、躯体形式障碍、心理生理障碍。转换障碍是癔症的一种,也称癔症性躯体障碍,主要累及颅神经和躯体神经,表现为视觉、听觉、触觉和眼球运动、口腔运动、四肢运动的异常。躯体形式障碍主要累及内脏神经，表现为"内感不适"和内脏功能失调。心理生理障碍是指失眠、进食障碍和性功能障碍。

失眠是身不由己的。当事人主观上是想睡觉的，但是，他越想睡越睡不着。这说明他的主导面具想睡，干扰面具不想睡。最后，干扰面具赢了。干扰面具为什么不想睡呢？一是觉得没必要，完全可以不睡，或者少睡；二是没好处，甚至有坏处，譬如有危险，或者做噩梦。

进食障碍包括神经性厌食、神经性贪食和神经性呕吐。病人无缘由地吃不下饭，或者暴饮暴食，或者呕吐，说明病人的进食行为被某个潜在的面具所控制，主导面具对它无能为力。潜在的面具可能有两个：一个想胖，所以暴饮暴食；一个想瘦，所以厌食，或者呕吐。

性功能障碍有很多种，有些是性欲减退，有些性欲正常，但实施过程出现问题，后者属于干扰的范畴。主观上是想进行性活动的，有欲望，有性冲动，但是，一股无形的力量妨碍了性活动的进行。心有余而力不足，身不由己。

性功能障碍

他们是相亲认识的，交往了三个月就结婚了，过了一年还没怀孕。双方父母着急了，建议他们去医院看看，他们才说出原委，原来男方性功能障碍。

主导面具想睡，干扰面具不想睡

他们的第一次性生活是在婚后一个星期，婚事忙完了，准备"造人"，结果失败了。接下来发生了一些事情，"造人"计划就被搁置了。过了三个月，他们重新尝试了一下，还是失败。从那以后，他产生了恐惧心理，不敢再尝试。老婆偶尔向他暗示，他就装聋作哑。老婆实在忍不住了，不顾害羞，跟他明说，他回避不了，只好硬着头皮上，结果还是失败。于是，老婆建议他去看医生，而他找各种理由推托。现在双方父母介入，他推托不掉了。他先去看男性科，做了检查，没有问题，医生建议他去做心理咨询。

我问他平时有没有性冲动，他说有。我问他怎么解决，他说自慰。我问他多久一次，他说两三天。我再问，他把我打断，说他知道问题在哪里。他老婆长得像男人，没有胸，屁股只有一点大，皮肤粗糙，一看就没了性欲。她平时戴文胸，隔着衣服看起来还蛮挺的；她的手很粗糙，他以为是干家务活干得；她的脸经常做护理、美容，用的化妆品很高档，所以还看得过去。我问他，谈恋爱的时候有没有性冲动。他说有的。我心想，第一次做爱的时候她真不应该把衣服脱光，更不应该开着灯。再一想，觉得不对。既然有性冲动，他为什么不做呢？他说她很保守，而他冲动也不是很强烈。那就奇怪了，他怎么会和她结婚？他说，她人很好，脾气好，很贤惠，又很能干，对他好，很会照顾他，很顺从他，从各个方面讲都是一个很好的老婆，除了性。

他跟几个关系非常好的朋友讲过这件事，他们都说他太追求完美，还说他太自私、不负责任、不包容。人无完人，夫妻应该互相包容。娶到这样的老婆是他的福气，不要身在福中不知福。

我问他怎么看待朋友的话。如果有一个朋友说"性是最重要的，其他方面过得去就行"，他又会怎么想？他说"朋友讲得很对，人品最重要，其他都可以包容和适应。"我问："她家条件怎么样？"他说："非常好。"

我想，该跟他讨论咨询目标了。我说，遇到这种情况，通常有两种解决的方法，一是离婚，二是治疗性功能障碍。我问他选择哪一个，他说，他没有性功能障碍。他找过别人，性功能完全正常。但是，他也不想离婚，一是她其他方面都很好，二是双方父母不会同意。我说，离婚是他们两个人的事，必须两个人先商量好，然后告诉父母，或者不告诉父母。自己都没商量好，就告诉父母，他们当然不会同意。

我告诉他，不管离不离，他都应该跟老婆好好谈一谈他们之间存在的问题，也许她比他更苦恼。谈好了，如果不离，可以一起过来做治疗，治疗需要两个人配合。如果谈不起来，也可以过来做婚姻咨询，婚姻咨询也需要两个人一起来。

送走了他，我想起罗洛·梅（Rollo May），他在《爱与意志》（*Love & Will*）一书中对现代性治疗进行了尖锐的批评，认为性治疗把"爱"降级为"性"，用提高性技巧来解决爱的缺失。

他说，性功能障碍本身不是病，爱的缺失才是病。由于"自知力缺乏"，当爱缺失的时候，人们却不知道哪里出了问题。与无知的头脑形成鲜明对比，生殖器倒有先见之明，它辞职不干了，"罢工"了！而更不幸的是，性治疗师和病人一样无知，不去查明问题的根源，以为是生殖器发生了故障，企图通过向病人传授性技巧来促使生殖器，恢复"工作"。

第七章

所有的人际互动都是面具互动——投射

投射就是把面具用在别人身上，这是面具的一种用途。如果对方恰好就是这样的人，或者正在使用这个面具，就叫"识别"；如果对方不是这样的人，使用的不是这个面具，就叫"错觉"；有时候，身边根本没有人，而面具又非常强大，就会投射到物体、影子或者空气中，从而产生幻觉。

错觉和幻觉的产生是因为面具的能量太大，而能量太大有两方面的原因。一是面具用得太多，形成习惯。例如，在医生的眼里，所有的人都是病人；在法官的眼里，所有的人都是罪犯。二是面具长期受到压抑，能量不断积聚。面具之所以长期受到压抑，是因为当事人不接纳它，不认可它。作为精神分析的术语，投射一词有广义和狭义之分。狭义的投射仅指把自己不接纳的东西外化；广义的投射泛指各种外化，不管自己接纳还是不接纳。

人格面具理论认为：所有的人际互动都是面具互动。我们把一个面具投射到别人身上，以为对方就是那样的人，然后与之互动。看起来是跟另外一个人互动，其实是跟自己的一个客体面具互动。这是一场自编自演的戏，脚本来自内心。如果对方刚好就是那样的人，与投射出去的面具相符，则皆大欢喜。即使如此，这也不是两个人的互动，而是两个人各自跟自己的客体面具互动。

如果对方不是那样的人，与投射出去的面具不符，戏就会演砸。虽然演砸了，但演戏的人自己可能还浑然不知。

第一节 幻觉是压抑的延伸

感觉和知觉是人脑对客观事物的反应。没有客观事物，却听到或看到一些东西，就叫"幻觉"。它显然是由心而生的，是心理内容向外投射的结果。但是，当事人往往不承认它是自己的心理内容，排斥它，拒绝它。所以，**幻觉是压抑的延伸**。

幻觉属于精神病性症状，是严重心理障碍的标志。它严重歪曲事实，使心理活动与客观事物脱节。但是，并非所有的幻觉都是精神病的表现。人在极度疲劳或恐慌状态下，也会出现幻觉，只是幻觉不那么逼真，仿佛做梦一样。有的人在入睡和觉醒的过程中也会出现幻觉，这种情况也叫"梦样状态"。

纳什的三个人格面具

电影《美丽心灵》的主角纳什有三个幻觉：室友、国防部官员、小女孩。这三个幻觉就是他的三个人格面具。

纳什性格古怪，和同学格格不入，经常被同学耻笑，所以非常孤僻。一个人表面越孤僻，内心越渴望交往。纳什的交往意愿幻化为室友查尔斯。这个查尔斯具有其他同学的全部特征，外向、开朗、随和、自信、机灵，还有点放纵。和其他同学不同，他是纳什的室友，他们住在一起，关系比较密切，有交流。虽然他们

幻觉是心理内容向外投射的结果

意见常常不同，但是相互之间还是有影响的。特别是纳什心情不好的时候，查尔斯阻止了他从楼上跳下去。

纳什很自卑。一个人表面越自卑，内心越自负。纳什的自负幻化为国防部官员帕切尔。他身负防御苏联人入侵、保护美国人安全的重任，是国家的拯救者和保护神。纳什秘密地为他工作，结果把自己的工作和生活搞得一团糟。跟拯救者面具相对，通常都会有一个迫害者面具。这个迫害者面具被投射给了苏联人。因为有迫害者，所以需要拯救者。如果没有迫害者，拯救者就无用武之地，所以拯救者需要迫害者。冷战时期，绝大多数美国公民都有拯救者面具。都把迫害者面具投射给苏联人。纳什的拯救者面具和迫害者面具与时代同步，产生共鸣。

那么，小女孩是谁呢？申荷永教授认为，她是纳什的"阿尼玛"。纳什心态幼稚，心理年龄偏小，所以他的阿尼玛是一个小女孩。纳什只适合跟这么大的女孩交往，对同龄女性他根本招架不了。我对这个说法不太赞同。

阿尼玛是不受个体年龄影响的。虽然阿尼玛的形象因人而异，但都是成人。荣格把阿尼玛分为四型：夏娃、海伦、索菲亚、玛丽亚，没有小孩。电影中确实出现了"阿尼玛"，但不是小女孩玛休，而是纳什的妻子艾丽莎。她的美丽、大方、温柔、善良、睿智、坚忍，与"阿尼玛"完全吻合。尤其是，她的爱，成了治愈纳什的唯一力量。

幻觉和现实没有本质的差别，都是人格面具的投射，只是前者投错了对象，后者投对了。查尔斯和帕切尔投在了空气中，迫害者投给了苏联人，"阿尼玛"投给了艾丽莎。

玛休虽然漂亮，而且干净，但是她的眼神空洞，表情诡异，显得不太友好，也不亲切。每当她出场的时候，我都会有一种"预感"：她会突然变成吸血鬼！她肯定是一个缺爱的孩子，她渴望关爱，又对别人有些失望。所以，当纳什决定不理她的时候，她只是睁大眼睛看着，楚楚可怜。

她是纳什的另一个人格面具，一个"内在的小孩"，缺爱的孩子。当"阿尼玛"出现的时候，她嗅到了爱的气息，所以出来索爱了。

第二节　鬼是压抑的面具投射到空气中的结果

世上本无鬼，鬼是压抑的面具投射到空气中的结果。它之所以被压抑，是因为自己不认可。为什么不认可？因为它是不好的，人们对于不好的东西总是排斥的。**排斥的表现主要有两种：一是把它销毁掉；二是自己躲开，相应的情绪是愤怒和恐惧。**面具是销毁不掉的。有时候人们以为已经把它销毁了，其实只是把它压抑了。它还在那里，一不小心又冒了出来。一旦明白它是销毁不掉的，也就只能躲避了。所以，绝大多数人"遇到"鬼都会采取逃避的方式，并且感到恐惧。

有人把鬼分为死神、恶魔、吊死鬼、溺死鬼、吸血鬼、厉鬼、怨鬼、骷髅、白衣女鬼、色鬼等。从人格面具的角度看，只有两类：一类是"迫害鬼"，一类是"受害鬼"。

伤害过我们的人就是迫害者，内化之后形成迫害者面具。因为排斥，我们会压抑它。它可能会在梦中出现，如果在清醒的时候出现，就会被当成鬼。至于什么是伤害，每个人的理解是不一样的。对于有些人来说，严厉的父母、老师、领导、警察，可怕的动物，自然灾害，各种锐器，都是迫害者，或者惩罚者。

被我们伤害过的人也很容易被内化，形成受害者面具。这样的面具肯定会对我们有怨恨，因而伺机报复。传统观念认为，如果我们伤害了别人，我们的良心会自我惩罚，让我们感到不安。其实，不需要良心出手，受害鬼就会从内部报复我们，攻击我们，或者吓唬我们。这样的鬼"看起来"不像凶神恶煞，而是四肢不全、遍体鳞伤、血迹斑斑的受害者。俗话说，"不做亏心事，不怕鬼敲门"，从来没有伤害过别人的人是不会遇到受害鬼的。

如影随形的鬼

她非常怕鬼。我问鬼长什么样。她说黑头发、黑衣服。我让她闭上眼睛，集中注意力去想象。她说，她看到鬼站在床边，而她躺在床上。她感到非常害怕，全身紧张，毛骨悚然。我让她做深呼吸，放松下来。然后我建议她慢慢坐起来，她说她不敢，怕惊动鬼，它会扑上来。我让她慢慢地、静悄悄地坐起来，不要惊动鬼。她坐起来了，跟鬼面对面，非常害怕。我让她放松自己，仔细观察，看它长什么模样。她说它的脸是一个骷髅，非常可怕。我让她继续放松，并且对鬼笑。她说鬼也笑了，不那么可怕了，并且坐了下来，跟她面对面，她又害怕起来。它的脸开始变化，变成一个女人，白白的脸，大大的眼睛。我让她问它是谁，来干什么。她说，鬼是她的前身，想来吃她。我问为什么吃她。她说，她太弱，不符合它的要求，它想把她吃掉，重新投胎。我问她愿意重新投胎，再塑一个新的自己吗。她说愿意。我问："那你愿意被鬼吃掉吗？"她说愿意。我让她对鬼说。她说了，结果鬼转身走了。

很显然，鬼是她的一个人格面具。这个面具不喜欢另一个面具,那是一个十岁的小女孩。小女孩寄养在亲戚家,虽然他们对她不错,但她一直没有归属感。结了婚以后跟公公婆婆住,仍然没有归属感。她总是讨好别人,不敢跟任何人对抗,内心却有许多不满。她思想悲观,凡事都往坏处想,所以什么都怕,整天惶惶不安。她很不喜欢自己,一直在努力改变,但效果甚微。

今天终于弄清楚了,她不是怕别的,而是怕那个不喜欢自己、老想改变自己的面具。小女孩害怕这个面具,所以把它想象成鬼。

人都怕鬼,鬼其实就是恐惧情绪的投射。如果不怕了,鬼也就没了。她越怕鬼,鬼越喜欢过来捉弄她,骚扰她,吓唬她。当她对着鬼笑时,鬼也变得友好了。当她说"你吃了我吧"时,鬼就转身走了。现在,她知道鬼是来帮她重塑自己的,吃了她是为了让她重新投胎,她就更不用怕它了。我给她布置家庭作业:每天跟鬼对话,必要的时候跟鬼手拉手一起跳舞,直到抱在一起,合而为一。

接纳这个鬼并不难,难的是让鬼接纳小女孩。多年以来,她一直想改变自己,戴着"来访者面具"到处寻求心理帮助,想让小女孩长大起来,不要怕这个怕那个。而小女孩最怕的不是别的,正是"来访者面具",它就是梦中的鬼。

鬼不仅仅是"来访者面具",也是咨询师。咨询师和来访者在同一条战线上,共同对付和塑造怕鬼的小女孩。

第三节　自编自导的假性互动

在很多情况下，我们以为自己在和某个真实的人互动，实际上是在和自己的面具互动。我们把某个面具戴到别人脸上，以为对方就是那样的人，然后和他互动。其实，对方根本不是那样的人，他已经被我们扭曲了。这种现象在恋爱过程中非常普遍，很多人并不是爱上对方，而是爱上心中的白马王子或白雪公主，对方只是提供了一个屏幕或舞台，自己在那里自编自演。最经典的是茨威格小说《一个陌生女人的来信》中的女主人公，她深爱着作家，为他做了很多事，吃了很多苦，而他什么都不知道。

社交恐惧症病人都很在乎别人的评价。人是社会的动物，在乎别人的评价，想给别人留下好印象，也很正常。问题是，社交恐惧症病人所说的"别人"常常并不存在，也没有评价，一切都是他们自己臆想出来的。所谓"别人"其实是自己的一个面具，它被投射给了别人。他们总以为别人认为自己表现不好，对自己不满意，看不起自己。

"别人面具"肯定是别人的内化，通常情况下是生活中的某个重要人物，例如父母、老师、朋友。因为是重要人物，所以他们的评价就有很重的分量。如果是正性评价，当事人就会很高兴；如果是负性评价，当事人就会很受挫。"别人面具"一旦形成，就会泛化，泛指所有的别人。

心灵感应

他是一位外来务工人员，三十多岁了，还是单身。他的问题是容易紧张，一紧张就出汗，一出汗就更紧张，六神无主，魂飞魄散，只能逃离，恨不得找个洞钻进去。

他最怕和别人一起吃饭，因为吃饭的时候比较容易出汗。他平时吃饭总是一个人，甚至不敢去饭店。如果非去饭店不可，他会选择人少的时候。他经常吃到一半，发现有人看他，他就不吃了。

我说："出汗有什么关系啊？"他说："你动不动就出汗，别人会怎么想？"我问："别人怎么想？"他说："肯定认为你有毛病。"我问："你怎么知道别人认为你有毛病？"他说："那是肯定的。"

有一次，他和老乡聚餐，很多人抽烟，屋里乌烟瘴气的，他感到头晕，一下子紧张起来。他担心被别人看出来，假装去上厕所，在厕所里拼命让自己放松下来。当他回到屋里时，发现别人用异样的眼光看他。他感到无地自容。所以，他很少跟老乡联系。

他做过心理咨询，效果不好，后来打听到我，慕名而来。别的咨询师叫他怕什么就做什么，他怎么也做不到。我说，我的方法也是怕什么就做什么，但首先必须弄清楚他到底怕什么。他说，他怕别人认为他有毛病。我说："你就是有毛病啊，有毛病怎么了？"他说："被人看不起。"我问："看不起又怎么样？"他说：

"那活着还有什么意思。"

对他来说，他人的评价比吃喝玩乐更重要。如果被人看不起，活着就没意思了，再怎么吃喝玩乐也无济于事。我对他说，他是一个高尚的人，一个脱离了低级趣味的人，境界比我高多了。他说他从小得到的就是这样的教育。我很想把他变成庸俗一点的人，但又不忍心掏空他的价值观，只能跟他讨论他人是怎么评价他的。我让他列出什么样的人才能得到好的评价，他现在得到的是什么评价，当他出汗的时候得到的又是什么评价。他说，事业有成，有很多钱，有房子，有老婆，有孩子，孝敬父母，才能得到好的评价；他现在什么也没有，评价肯定是不好的；而紧张的时候，他那个窘样，就会被人看不起了。

我反复向他求证，别人是怎么看不起他的，他是怎么知道别人看不起他的，有什么证据。他总是无法提供确凿的证据，这说明，不是别人看不起他，而是"内在的他人"，即他的"别人面具"看不起他。

我告诉他，我一点儿也没看出他有什么不正常。他说，他在我面前不紧张，所以我看不出来。我建议他向身边的人调查一下。他说他不敢，这样做太可笑了，万一别人说看出来了，那就太没面子了。在我的再三鼓动下，他调查了三个人。结果，他们都说没看出来。我很得意地对他说："你看，是你多心吧。"他说，他们是给他面子才这么说的，根本不是事实。

社交恐惧症病人宁可相信自己的感觉，也不相信别人的反馈。对他来说，感觉就是事实，别人的话反而不一定是事实。他以为自己有特异功能，能够通过别人的眼神、表情、动作，读出别人的思想。其实，他读出的不是别人的思想，而是"别人面具"的思想。别人面具和他共用一个身体，所以会有"心灵感应"。

因为共用一个身体，"别人面具"也能"洞悉"他的内心活动。当他感到紧张，产生某种"不好"的想法时，"别人面具"就知道了。他把"别人面具"投射给别人，以为别人都知道了，因而感到无地自容。

第四节　女人的直觉很准吗
——强大的投射性认同

人与人之间的交往或互动，其实是面具互动。我们把一个面具投射到别人的身上，认定他就是这样的人。如果他的表现与面具相同，那么，和面具交往就相当于和真实的人交往；如果他的表现与面具不同，但相差不大，我们会忽视差别，把他当作与面具相同的人来交往；如果他的表现与面具相差很大，就会导致面具错位，两个人不在一个频道上，互动不起来。遇到这种情况，有两种解决的办法，一是换一个与他相符的面具，二是坚持不懈，迫使对方改换面具。具体采用哪一种，要视两个人的"心理能量"和适应能力而定。谁心理能量弱、适应能力强，谁换面具。心理能量强的人容易影响别人，而不容易被别人影响，遇到面具错位，他依旧我行我素，别人拿他没办法，只能"被迫"调换面具适应他。精神分析称之为"投射性认同"，其实就是"期望效应"。

他爱的还是她

相爱七年，出现沟通障碍，为了窥探他的内心想法，她以"陌生女子"的身份与他网聊，结果，他爱上了这个"陌生女子"。她写了一篇《一场啼笑皆非的游戏》，发表在媒体上。媒体编辑让我来点评。

她为什么要窥探他的内心想法？她想窥探他的什么想法？我估计她一定能够说出一大堆理由。而我认为，最根本的原因是她怀疑他不爱她了，担心他会爱上别人。结果，游戏证实了她的怀疑和担心。

一种怀疑或担心，如果被证实，就叫直觉；如果被证伪，就叫猜忌或疑心。有的人说自己直觉很准，我不相信。有些所谓的直觉，其实是猜忌，因为很强烈而使人捕风捉影，最终导致判断失误，向猜忌的方向偏移。另外，一个人如果把猜忌当成直觉投射给别人，对方可能会被投射性认同，最终做出符合猜忌的事情。一个人如果"直觉很准"，只能证明他有很强的投射性认同，气场很强，很容易影响别人，使别人接招。

投射性认同到底是通过什么方式产生作用的？一般认为主要是通过暗示。一个人有了疑心，就会自我暗示，最后疑心变成信念。当一个人坚信某人是什么样的人时，就会向对方发出暗示，对方接受了暗示，以为自己是这样的人，最后真的变成了这样的人。

除了暗示，有的人还用"明示"，就是直接告诉对方，他是什么样的人，他会做出什么样的事。反复讲，这些话进了对方的脑子，把对方"洗脑"或"催眠"了，就会直接影响他的行为。

还有一种方式，就是设下圈套，引诱对方上钩，文中的她就是这样做的。她化身为"陌生女子"，主动找他聊天，关心他，理解他，投其所好，他很快就上钩了。她本来就是他的妻子，对他了如指掌,想投其所好非常容易。接着,她分别以真名和"陌生女子"的身份同时跟他聊天,"测试一下"他会不会欺骗自己,结果,他不但欺骗了她,还在"陌生女子"面前诋毁她。

我最后这样点评: 其实,"陌生女子"就是她自己。"陌生女子"是她人格的一部分,是她的一个人格面具。当年,很可能就是这个面具吸引了他,才会有七年的恋情。但是,在残酷的现实面前,这个面具渐渐退居幕后。于是,他发现她不再那么可爱了。他们的关系渐渐冷淡,沟通越来越困难,最后变成互相折磨,双方都难以忍受。于是,她的弃婴面具被激活。她担心他移情别恋,认定他会移情别恋,甚至"希望"他移情别恋。为了证明他会移情别恋,她化名"陌生女子"引他上钩。然而,在虚拟空间里,这个人格面具出现在他眼前,重新激起了他的热情。这说明,他爱的仍然是她。

第五节　用进废退的面具——面具转移

　　假设有一个人，他有一个懒人面具，如果遇到一个比他更懒的人，他的懒人面具会转移到对方身上，自己变得勤快起来。他仿佛找到了一个替身，把自己的懒人面具"出让"给了对方。有一次上课，一位学员说他本来很喜欢摄影，平时出去玩，他总是主动担任摄影师的角色。后来认识了一个新朋友，也很喜欢摄影，而且摄影水平比他高。从那以后，他就很讨厌摄影了。有一位女学员，自己被人欺负的时候只会自认倒霉，如果看到别人被人欺负，她就会打抱不平。这是因为，**自己被人欺负的时候，她的"被欺负者面具"被激活；别人被人欺负的时候，她的"被欺负者面具"投射给了别人，自己变成了"侠女"**。电影《金陵十三钗》里的约翰是一个"小人"，当他遇到比他更坏的人（日本兵）时，他的坏人面具没了，一下子变成了"圣人"（神父）。

福尔摩斯和莫里亚蒂

　　福尔摩斯聪明绝顶，而他身边的人都傻里傻气，包括华生和警长。这是因为他把"傻子面具"转移给了别人，使"聪明人面具"得到强化。福尔摩斯正义感极强，他的对手都是十恶不赦的罪犯。这是因为他把坏人面具转移给了别人，使好人面具得到强化。在他的对手中，莫里亚蒂教授堪称一绝。他的聪明才智不亚于福尔摩斯，而他的邪恶与福尔摩斯的正义形成鲜明的对比。他们真是一对冤家对头。他们斗过好多回合，都不分胜负，最后在打斗的过程中双双坠入深渊，"同归于尽"。

当一个面具被投射出去之后，这个面具的能量就得到了释放，基本上没有"能力"再担任主导面具了，这个面具仿佛在人格结构中消失了。这种现象，与其说投射，还不如说"投送"，送给了别人，自己就没有了。投射是复制，投送是交换。投射是分享，投送是馈赠。对方接受了馈赠，就成了"我的替身"或"另我"（另一个自我）。

"冤家对头"一词常常被用来形容矛盾性依恋，两个人关系很密切，但又冲突不断。两个人关系近了，难免会发生冲突，所以关系密切的人都是冤家对头。福尔摩斯和华生是冤家对头，神探亨特和他的女搭档麦考尔也是冤家对头。

冤家对头有时候不是两个人，而是一组人，例如唐僧师徒。有人说，唐僧代表超我，孙悟空代表自我，猪八戒代表本我，三个人合在一起才是一个完整的人。也有人说，猪八戒代表生理的需要，沙僧代表安全的需要，白龙马代表归属和爱的需要，唐僧代表尊重的需要，孙悟空代表自我实现的需要，五个人合在一起才是完整的人。这已经不是转移，而是"瓜分"了。

在日常生活中，转移非常普遍，家庭治疗称之为"互补作用"。在家庭里，一个人越强，另一个人越弱；一个人越勤快，另一个人越懒；一个人要管，另一个人就不服管；一个人追，另一个人则逃。

第八章

面具≠假面具

面具本来没有真假。但是，很多人一听到"面具"这个词，就联想到"假面具"，并且认定面具背后还有一个"真我"。其实，所有的面具都是真我。**真我即人格，就是由各个面具构成的。如果把所有的面具都去掉，剩下来的并不是真我，而是阴影，即人的动物性。**

但是，很多人告诉我，他们确实有"假面具"。例如在某些场合，他们必须使用某个面具，而内心并不认可这个面具，觉得自己很假，仿佛在演戏，毫无感情地念着台词，说的都是违心的话。这样看来，面具是有真假的。自己认可的，与人格统一的，就是真面具；自己不认可的，与人格不统一的，就是假面具。换句话说，真面具就是整合的面具，假面具就是分裂的面具。

虚假与分裂略有不同。分裂的面具通常都会受到压抑，而虚假的面具总是出现在前台；分裂的面具往往是社会所不认可的，而虚假的面具恰恰是社会所倡导的。

细究起来，假面具有两种。一种是自己完全不认可的，所以与人格统一不起来，一直处于分裂状态；一种是自己认可的，但还没与人格统一起来，仍然处于分裂状态。前者自己觉得假，事实上也是假的；后者自己不觉得假，事实上却是假的。前者通常是有意识的、非自愿的,后者则是无意识的、自愿的。前者叫伪装,后者叫表演。

第一节　假作真时真亦假——伪装者的面具

一名间谍打入敌方阵营，伪装成敌方的一名军官，一举一动都很像敌方军官，一言一行都很反动。敌方军官显然是他的一个重要面具，使用频率比主导面具还高。但是，他知道它不是他的主导面具，而是一个"假面具"，尽管他天天用它，但不认可它。

许多人为了适应环境，也跟间谍一样，"被迫"使用自己不喜欢的面具。年轻人刚刚踏进社会，往往充满理想和抱负，对社会上的不良风气很看不惯的。但是，为了生存，他不得不顺应坏境，戴上假面具。开始的时候觉得很累，必须时不时地拿下假面具，让自己喘一口气。时间长了，他就习惯了，假面具变成了真面具，甚至变成了主导面具。这就是社会适应，从服从、依从，到认同。

假作真时真亦假。当假面具变成真面具，真面具可能会相应地变成假面具，于是人们以为自己终于找到了真正的自我，而与浑浑噩噩的过去彻底告别。这也是面具分裂。最不幸的是，有的人否定了旧的面具，又不认可新的面具，两个面具都是假的，结果就搞不清楚自己是谁了。许多双重间谍都有这样的尴尬。

大多数人既认可旧面具，也认可新面具。虽然主导面具和人

假作真时真亦假

格发生了变化，但前后是连贯的，这叫成长。成长就是面具的整合，新旧统一，喜新而不厌旧。

痛苦的适应

她大学毕业分配到机关工作，所在的部门比较特别，大部分都是男性，只有两三个女性，她在单位里非常不适应。她经常做噩梦，梦见自己一丝不挂，许多双眼睛盯着她，令她无地自容。

她很不喜欢她的同事。白天上班的时候，领导们总是摆着一副冷面孔，说话全是命令的口气，科员们总是战战兢兢、唯唯诺诺，一副奴才相，气氛非常压抑。到了晚上，总是有许多应酬，男人们一喝酒，就变得非常狂野。她和其他女同事经常会被请去作陪。她总是能推则推，但是，为了"生存"，有些饭局是不能推的。她不敢喝酒，别人劝酒，她都要想尽一切办法予以抵挡，同时又不能扫了领导的兴。她觉得很累。她还发现，和男人交往的分寸很难把握，稍微冷淡一点儿就会遭到排斥，稍微热情一点儿就会受到骚扰。她想换工作，但又舍不得，因为一直找不到更好的工作。她想找个人嫁了，但又没有合适的人。不久，她开始掉头发。她去看病，医生说她有心理问题，就把她转介给一位心理医生。做了几次心理咨询，她喜欢上了心理学。她参加了心理咨询师培训，考取了心理咨询师职业资格证书。接着，她找我督导。

她是一个很有悟性的人，通过几个梦和自由联想，很快就发现了俄狄浦斯情结。她用俄狄浦斯情结解释所有的困扰，结果，噩梦不做了，她也学会了应对性骚扰和与同事相处。

她有一个"科员"面具，它是在走上工作岗位之后"被迫"形成的。这个面具相对比较容易把握，它有明文规定，只要按规定行事，就是一个合格的科员。但是，这个面具与她的个性不符，与她所接受的教育背道而驰，所以她不接纳这个面具。她整天"昧着良心"，违背自己的意愿，做着违心的事，说着违心的话，与自己所讨厌的人同流合污。别人劝她不要过于认真，权当逢场作戏。但是，她没法逢场作戏，因为逢场作戏不符合她做人的原则。她不接纳这个面具，还有一个原因：除了明文规定，还有一些"潜规则"。她讨厌这些"潜规则"，她觉得这个面具本身就是两面派：一面道貌岸然，一面男盗女娼。

学了心理学，她明白了，自己看问题太简单化，非白即黑，应该用辩证的眼光看问题。自己的许多观点是小时候形成的，与童年经历有关，也许适合那个年龄，但是现在长大了，所面对的是一个完全不同的世界。应该立足于现实，"活在当下"。更重要的是，面具只是人与环境之间的一座桥梁，它不等于人格，只是人格的一个部分。而且面具没有好坏，只有合不合时宜。于是，她接纳了这个面具。

第二节　每个人心里都住着一个演员

卡尔·罗杰斯（Carl Ransom Rogers）把自我分为现实我和理想我两个部分。人有自我实现的倾向，不断地从现实我迈向理想我，理想我起着引领方向的作用。但是，如果理想我与现实我差距太大，一时难以实现，有的人可能会投机取巧——用理想我来伪装自己，让别人以为他已经达到了理想我的境界。时间长了，他自己可能也会这样认为。和假面具不同，理想我是自己认可的，所以自己不觉得假。但是，它与其他面具或整个人格还是分裂的，别人会觉得假。他们的表演往往比较夸张，不真实，有点像漫画，抽象、空洞、过分准确、太完美，也可以说是"假、大、空"。

表演性人格障碍，简称"表演人格"，旧称癔症性或戏剧性人格障碍，其特点就是表演性。病人喜欢表演，演什么像什么，甚至演自己，最后弄不清楚自己是谁。

一个女人三台戏

结婚五年，她一而再、再而三地自杀，每次都被救了回来。她担心自己还会自杀，担心下一次救不回来，所以过来咨询。

她很漂亮，很时尚，气质不凡，表情和动作有些夸张。我以为她是演员。她说她是白领，研究生毕业，在一个非常吃香的部门担任非常重要的职务。我还是觉得她像演员。看来,"演员"是她的一个面具,很可能还是主导面具。

我询问了她和老公的关系。她说,刚来温州的时候人生地不熟,他对她很照顾,她就和他同居了。家人知道后竭力反对。正因为家人反对,她才铁了心要嫁给他,因为父母对她不好,从来不关心她,一直忽视她。

在别人看来,他们很不般配。他是工人,没文化,家境也不好。她嫁给他,部分原因是"想向别人证明自己不是势利的人"。她自杀是因为他不关心她,应酬太多,经常半夜两三点才回家,她一个人不敢睡。现在,老公对她好多了,每天晚上都早早地回家陪她。但是,她又觉得自己不配得到老公的关爱,希望他不要对她这么好。

我听得云里雾里。猜想她不止一个演员面具,至少有三个:一个是普通演员,一个是悲剧演员,一个是叛逆的演员。

演员都很在乎别人的评价,总想给人留下一个美好的印象。为了得到别人的好评,她会非常卖力地表现。这个面具通常起源于儿童期,可能与"夸大性自体"有关。一般人到了一定的年龄,就会有自己的评价标准,不再盲目地哗众取宠。她的演员面具为什么没有退居幕后呢?原来,她长得漂亮,而且能歌善舞,三岁的时候就登台表演了,整个儿童期都是在掌声和赞美声中度过的。上学以后,由于成绩优异,更是受到老师的喜爱。但是,她一直有一个想法,认为周围的人喜欢她,是因为她表现出众。如果她表现不那么好了,别人就会不喜欢她。所以,她自我要求很高,追求完美，爱表现，喜欢引人注目。身边的人都说她具有演员的特质，也有人说她"假"。她自己偶尔也会觉得累，但是已经习惯了，想改都改不过来了。

一般说来，有一个过分夸大的面具，就会有一个自我贬低的面具，好表现可能是为了掩饰自卑。多数情况下，夸大的面具表现在外，自我贬低的面具退居幕后，只有自己知道，别人是看不出来的。也有的人，自我贬低的面具隐藏得很深，连自己都不知道有这样一个面具。她很特别，自我贬低的面具与夸大的面具并存，表现为时不时地发生"表现失利"，例如表演失利、考试失利。所以，她常常经历"大起大落"，有时候比赛能得一等奖，有时候彻底怯场；有时候考试能考满分，有时候不及格；大部分时间是优秀学生，有时候会变成问题孩子；大部分时间人缘很好，同时又经常得罪人或被别人得罪。她相信物极必反，所以从来不让自己过分开心，甚至经常故意把自己弄得很惨，然后等着时来运转。

她认为自己是一个苦命人，不配过幸福的生活。所以，她选择了这个老公，自己则变成了悲剧演员。说她是悲剧演员，而不说她是悲剧人物，是因为她的悲惨命运也带有表演性质。

这个面具是怎么来的？她说，父母对她不好，从来不关注她，一直忽视她。她有两个姐姐一个妹妹，母亲偏爱姐姐，父亲偏爱妹妹，她却没人疼，尽管她最优秀。听说父母曾经把她送人，她一直觉得自己是一个多余的人。

从初中开始，她就有自杀的念头。高二的时候第一次自杀，从那以后，家人开始关注她了。但是，她认为他们不是真的关心她，而是怕她想不开，才应付着她。所以，她渐渐疏远他们，经常故意跟他们作对。看着他们生气、伤心或担忧的样子，她很开心。她变成了叛逆的演员，喜欢跟"导演"对着干。

咨询过程中，三个演员面具常常轮流出场，你一言我一语，让人搞不清是谁在说话。例如，当我问她咨询目标是什么时，她说不知道。我问她："难道不是消除自杀念头、停止自杀行动吗？"她说，自杀是一种解脱，也是她的宿命。这显然是"悲剧演员"说的。我问她："想解脱什么？"她说，老公对她太好了，自己受不起。这是"普通演员"和"悲剧演员"一起说的。我说，那就叫老公别对她这么好。她说，这可不行。这是叛逆的演员说的。

三个演员一起上台，老公对她不好，她要自杀；对她好，她也要自杀；那就自杀吧，她又不同意。真是进退两难，非常纠结。三个演员也有意见一致的时候，例如："普通演员"想表现自己不势利，"悲剧演员"想把自己嫁得差一些，"叛逆的演员"要反抗家人的反对，他们一致通过，把她嫁给了现在的老公。

第三节　分裂的心与身——面具混乱

伪装和表演到一定的程度，就会导致混乱。当事人不知道自己是谁了，不知道什么是真，什么是假。

人是由精神和肉体或心和身两个方面构成的。关于两者的关系，历史上一直存在着一元论和二元论之争。一元论认为两者是一个东西，二元论认为两者是两个东西。一元论又有唯物论和唯心论的区别。唯物论认为身是本、心是末，先有身、后有心，身是第一性、心是第二性；唯心论则认为心是本、身是末，先有心、后有身，心是第一性、身是第二性。二元论主要有笛卡尔的交感论和莱布尼兹的平行论。笛卡尔认为，心和身是两个东西，但是互相有联系，互相影响，保持协调；莱布尼兹认为心和身没有任何关联，各自按一定的程序运行，由于程序相同，因而互相"平行"，就像两只精确的时钟，总是报出相同的时间。

除了平行论之外，一元论和交感论都认为心和身是统一或一致的，莱恩把这种情况称为"身体化"。**身体化的心或"自我"与身保持一致，当身受到刺激的时候，心就会有相应的感受；当心有所动的时候，身就会有相应的反应。**这样的心是活的，身也是活的。

但是，精神分裂症病人的心和身是分裂的，莱恩称之为"非身体化"。他认为判断一个人精神是否正常,有三个标准:自我是否统一;与环境是否协调;人格是否稳定。心、身分裂是自我不统一的一种表现。从这个意义上讲,莱恩抓住了精神病的本质。

非身体化的心置身事外,远远地看着身。当身受到刺激的时候,心没有感觉;当心有所动的时候,身没有反应。这种体验类似于"灵魂出窍",或"人格解体"。这个时候,身体变成了机器,虽然没有生命,但能正常运行,俗称"行尸走肉",类似于僵尸,或机器人。

那么,为什么会出现心、身分裂呢?莱恩认为是由于生存性不安。当一个人遇到危险的时候,本能的反应是逃跑。如果身体逃不了,就只能"精神逃避",譬如动用心理防御机制,或者直接"灵魂出窍",出现"情感休克"。很多人都有过短暂性的心、身分裂,如果长期分裂,就离精神分裂症不远了。莱恩就是这样解释精神分裂症的发病机制的,他把"过渡状态"称为"精神分裂性",以别于精神分裂症。

莱恩认为,身体化和非身体化本身没有优劣之分,或者说各有优劣。身体化的人活得比较真实,同时也很痛苦,他被困在身体里,备受生老病死的煎熬;而非身体化的人比较超脱,也容易出现精神分裂。

灵魂出窍

他是一名强迫症患者,所有的强迫症状一应俱全,穷思竭虑、对立思维、强迫性恐惧、强迫清洗、强迫检查、强迫性手淫、强迫性嫖娼、强迫养生，还有强迫性仪式行为。他最喜欢问的问题是："我这样做正常吗？别人是怎么做的？别人会怎么看我？"

我说他有一个"他人面具"，"他人"时刻监视他，对他的心理和行为评头论足。这个"他人"显然不是一个人，而是许多人，意见常常不一致，令他不知所措，动弹不得。

经过分析，"他人"的来源有：父母、朋友、专家（医生和营养师）、心理学书籍、网络。他的父亲说，男人必须天天做爱，他就强迫性手淫和强迫性嫖娼；母亲说，袜子不用天天换，他就强迫性不换袜子；朋友说他太胖，他就强迫自己减肥；专家说喝牛奶对身体有好处，他就强迫自己喝牛奶；心理学书上说沉默寡言是抑郁症的表现，他就侃侃而谈；网络上说女孩子比较喜欢深沉一些的男人，他就故作深沉。因为受了"他人"的影响，他已经完全失去自我，他的行为很不真实。他做爱不是因为有欲望，而是为了证明自己是男人；他侃侃而谈不是因为喜欢侃侃而谈，而是怕别人说他脑子有毛病（抑郁症）。

他为什么这么在乎"他人"？可能是自我太弱。他的脑子里装满了"他人"的思想，唯独没有自己的思想。如果放弃"他人"的思想，他还真不知道怎么做。他需要系统地学习知识，并且消化、吸收，变成自己的东西。他把"他人"的思想吸收过来，却没有消化，如同一个没有整理的图书馆，各类书籍堆在一起，杂乱无章。

咨询到第二十次，他的症状已经明显减轻。他开始"放纵"自己，不想那么多了。但是，他觉得不真实，好像不是自己了。

我说，一个人如果突然脱胎换骨了，当然会觉得不真实，这需要一段时间来适应。

按莱恩的分析，身体和精神本来是一体。当身体受到伤害的时候，精神为了逃避痛苦会暂时离开身体。恍惚一下，这就是人格解体，也叫分离障碍。如果精神回不来，身体和精神就会一直处于分离状态。精神得不到身体的反馈，只能靠预先设计好的程序行动。这些程序来自"他人"，是从"他人"那里输入进来的。

第四节 迷恋病人角色——做作性障碍

做作性障碍又称"住院癖""手术癖",病人制造一些症状,诱导医生让他住院、吃药、打针,甚至做手术。这样做不是逃避责任,不是获取好处,不是要挟别人,仅仅是为了装病而装病,可能是喜欢当病人,迷恋病人角色。有些病人专门装心理障碍,夸大自己的精神痛苦,对心理咨询上瘾。

十八世纪,德国有一位伯爵,名叫孟乔森,他喜欢装病,而且装得非常像,骗过了所有的人。他装病没有别的目的,只是想得到别人的关心和照顾。为了达到这个目的,他不惜伤害自己的身体,制造各种症状。后人把以此为目的而装病的现象称为"孟乔森综合征"。

孟乔森综合征不同于自虐。自虐者是从伤害自己而得到快感,孟乔森综合征患者是为了得到别人的关心和照顾而伤害自己。两者都有可能弄巧成拙,致人死于非命。孟乔森综合征病人有一个强大的"病人面具",他们喜欢当病人,以便得到别人的关心和照顾。这个面具可能是在某次生病的时候获得的,因为生病而得到别人的关心和照顾,病人面具受到强化而保留下来。当他需要别人的关心和照顾时,或者说,当别人不够关心和照顾他时,这个面具就被激发出来了。

还有一种"代理孟乔森综合征",不是自己装病,而是让身边的人生病,然后予以悉心的照顾。在外人看来,他们是非常有爱心的照顾者。他们很喜欢给别人留下这样的印象。为了给自己"制造"照顾的对象,他们会故意伤害对方,稍不留神,就会出人命。一般说来,代理孟乔森综合征病人都有一定的医学知识,甚至自己就是医生或护士。

病人面具稍强的人只对身体的变化比较敏感,这种情况见于躯体化障碍和疑病症患者。他们不是无中生有,而是的确有身体不适,只是把症状放大了。而孟乔森综合征病人是纯粹的装病,他们杜撰症状,甚至制造症状,误导医生,使医生误诊,其实他根本没有病。医生(护士)面具稍强的人比较适合当医务人员,因为他们对别人的健康状况很敏感,很喜欢照顾别人,但仅限于别人的确生病了。代理孟乔森综合征病人的医生(护士)面具比医务人员还强大,不只是喜欢照顾有病的人,还会把别人弄出病来,给自己"制造"病人。"江湖医生"也喜欢制造病人,把没病说成有病,把轻病说成重病,但他这样做是出于经济的目的。而代理孟乔森综合征病人一点儿功利心也没有,纯粹是为了照顾别人而照顾别人。

也有人认为,代理孟乔森综合征病人是有目的的。他的目的是控制别人,包括控制照顾对象的身体和精神,也包括控制别人对他的印象,即认为他是一个富有爱心、不计个人得失、全心全意为病人（或家人）的人。其实，这不是目的，而是医生（护士）面具的"职责"，他只是把医生（护士）的职责发挥到极致而已。

第九章

心理障碍的治疗：面具重建技术

人格面具理论认为：一切心理活动都是通过人格面具展现的，心理障碍也是如此；**一切心理障碍都是面具障碍，心理治疗就是对人格面具进行整理、修复、重建和整合。**

与其他心理咨询和心理治疗一样，面具治疗一般分为三个阶段：诊断阶段、治疗阶段和巩固阶段。其中，诊断阶段的任务是建立咨询关系，搜集资料，做出诊断，讲解人格面具理论，进行面具分析；治疗阶段的任务就是面具重建。

面具重建的基本原理是分化和整合。分化就是把纠缠在一起的各个面具区分开来，整合就是把疏离或对立的面具统一起来。面具重建可以通过想象或谈话来进行，也可以通过游戏和"实战"来进行。想象，就是通过思考或观想，对面具进行分化和整合，或者新建一个人格面具。如果是自我治疗，单纯想象就可以了；如果是心理咨询，则要借助于语言，通过谈话，在咨询师的协助下处理面具。游戏是指在虚拟的情境中，把人格面具展现出来，然后予以处理。展现的方法有两种：一种是自己表演；一种是请别人代替，或者叫"替身技术"。"实战"是指在真实情境下处理人格面具。

第一节　面具治疗的关键环节：面具分析

面具分析是面具治疗的一个步骤，相当于诊断和评估，同时也是一种专门的面具技术。通过面具分析，可以了解他人或自己的人格。面具分析本身就是一个分辨、细化、分化的过程，同时也是一个了解、理解、认识、接纳、整合的过程。所以，至少有半数求助者，做了面具分析就达到了面具整合、自我成长、人格完善的目的，不需要再做面具治疗。常用的面具分析方法主要有以下几种：

1．观察法

根据一个人的长相、衣着打扮、言谈举止和气质，"看"他像什么人，或者猜他是什么人。这样看出来的可能是他的人物面具，例如萨马兰奇、林黛玉、唐僧、×××（一个朋友的名字）、爷爷（自己的爷爷）；也可能是角色面具，例如警察、教授、农民工、家庭妇女、女强人、冷美人、黑帮老大；也可能是原型面具，例如苦命人、爱心大使、叛逆者、拯救者。

需要注意的是，这样看出来的不一定就是对方的"真实"面具，也可能是自己的投射。从理论上讲，只有自己拥有某个人格面具，才有可能识别别人的这个人格面具。所以，观察就是投射，关键是正确不正确。如果对方确实有这个人格面具，被我们看出来了，就叫识别；如果对方没有这个人格面具，而我们看出了这个人格面具，就是错觉。

另外，第一眼看出来的面具可能是模糊的、笼统的，或者近似的，并不那么准确，需要通过进一步的观察、辨别和验证，慢慢精确化。例如，某人看起来像乡镇干部，其实他从来没有当过乡镇干部。后来得知他会算命，我才知道，他是"土地公公"。再如，某人看起来像"装斯文的小流氓"，其实这是三个面具：文人、小流氓（坏孩子）和演员。

2. 问题法

心理问题就是人格面具，因为心理问题都是在特定的情境中或面对特定的人时出现的。较轻的心理问题与情境和对象具有严格的对应关系；而严重心理问题的特点是"泛化"，说明人格面具已经被滥用，变成了主导面具。

心理障碍更是如此，称为"类病态面具"。根据求助者的症状，可以推测他的人格面具。抑郁症病人使用"抑郁者"或"忧郁者"面具；焦虑症病人使用"焦虑者"或"担忧者"面具；恐惧症病人使用"恐惧者"或"恐慌者"面具；冲动控制障碍病人使用"冲动者"面具。

进一步分析，可能会发现，忧郁者面具其实就是苦命人面具或者慈悲者面具，也可能是讨好者面具或者自虐者面具；担忧者面具可能是先知面具（预感到危险）、罪人面具（问心有愧，担心受到惩罚），也可能是怀疑者面具。

人格障碍也是人格面具的表现。表演性人格障碍病人有演员面具；依赖性人格障碍病人有依赖者面具、顺从者面具或讨好者面具；自恋性人格障碍病人有帝王面具（王子面具、公主面具）、英雄（拯救者、救世主）面具；边缘性人格障碍病人有天使面具和恶魔面具；偏执性人格障碍病人有受害者面具、抵抗者面具、斗士面具；反社会性人格障碍病人有叛逆者面具、正义者面具、阴谋家面具；分裂性人格障碍病人有隐士面具、巫师面具。

根据症状出现的情境，也可以识别人格面具。有一位女生在外面表现很好，一回家就疯疯癫癫；在别人面前很正常，在母亲面前却胡搅蛮缠，让母亲非常抓狂。这说明，她的毛病与家庭有关，尤其与母亲有关，她的问题出在女儿面具上。有一个孩子得了学校恐怖症，在家表现很好，就是不愿意去学校，一说去学校就大哭大闹，强制送他去学校，死活不进学校的门。这个孩子的问题肯定与学校有关，是学生面具出了问题。同理，社交恐怖症与社交有关，场所恐怖症与场所有关，考试焦虑与考试有关，演讲焦虑与演讲有关。

另外，还可以根据发病时间和当时的情境识别人格面具。有一位强迫症病人，他是在十八岁的时候发病的，当时高中毕业，家人想把他送到国外去打工。尽管他反复强调自己很想出国打工，但生病的结果是，他至今不能出国，也没去别的地方打工。这说明，他有一个懒汉面具，只是他自己没有意识到。有一个偷窃癖病人，是寄宿到老师家后发病的，说明与寄宿有关。寄宿意味着寄人篱下，被父母抛弃，这种情况下，苦命人面具、叛逆者面具、抵制者面具就会被激发出来。叛逆者想让老师和家长难堪，抵制者喜欢暗中捣蛋，苦命人总是把自己推到尴尬的境地，于是三个面具"商量"出了一个令三者都觉得满意的办法，那就是偷老师的东西。

3. 成长史

人格面具是人在成长过程中一个一个地形成的，个人成长史就是人格面具的"发展史"。回顾一个人的成长史可以最系统地了解他的人格面具。

有的人能够回忆起一岁时的情境，有的人只能回忆起七岁以后的情境。有些情境记忆犹新，有些模糊不清，甚至完全忘记。**忘掉的，不一定是不重要的（可能是被压抑了），但记得的一定是重要的**。通过成长史分析人格面具，主要依靠记得起来的内容。

成长史分析可以采用地毯式搜索或逐年回顾的方式，也可以采用"个人简历"或"大事记"的方式。个人简历通常采用分段回顾，例如婴儿期、幼儿期、学龄期、青春期、成年期等；也可以让当事人自己划分阶段，例如快乐的童年、和父母一起的时候、寄宿阶段、在国外的日子、人生的低谷等。一般说来，一个阶段有一个主导面具，进入一个新的阶段会出现一个新的主导面具。

大事记就是问当事人从小到大发生过哪些对他影响比较大的"重大事件"。至于什么是重大事件，应该由当事人自己判断。重大事件，不管是创伤性的，还是非创伤性的，都会留下一个能量巨大的人格面具。创伤性的人格面具容易与主导面具或整个人格分离，处于压抑状态。它躲在幕后，对主导面具产生干扰，表现出心理障碍的症状。非创伤性的人格面具与主导面具和整个人格比较和谐，常常会变成主导面具。

成长史分析也可以分主题进行，例如生活史、恋爱史、学习经历、工作经历等。生活史包括出生地、家庭背景和经济状况、抚养情况、生活习惯、健康状况和患病经历、家庭成员的变化、搬迁等。恋爱史包括初恋、暗恋、恋爱经过、失恋、婚姻、夫妻感情、婚外情。学习经历从幼儿园开始，到小学、中学、大学，内容包括学习成绩、有没有当班干部、同学关系、和老师的关系等。工作经历是指曾经从事过什么工作、担任过什么职务、业绩如何、同事关系如何、对工作的满意度、理想的工作是什么。

4．家谱图

家庭对一个人的人格形成影响极大，家里有多少人，就会有多少对人格面具。成对的人格面具中，一个是家庭成员的内化（客体面具），一个是当事人与该家庭成员的互动模式的内化（主体面具）。除此之外，每个家庭成员都会对当事人有所期待，把自己的某个人格面具投射到当事人身上。这样一来，一个不在场或者已故的家庭成员，也会通过在场的家庭成员对当事人产生影响。例如，父亲会把初恋情人内化，形成"情人面具"，然后把它投射给女儿。结果，女儿越来越像父亲的初恋情人。

一般情况下，只有与当事人有过亲密接触的家庭成员才会对当事人产生影响。但是，在弄清楚是否有亲密接触之前，全面了解每个家庭成员是有必要的，这样可以防止遗漏重要的影响。

家谱图以当事人为中心,先画出父亲和母亲。每个人都有一个父亲面具和一个母亲面具,分别是父亲和母亲的内化。根据父亲和母亲的性格,可以知道他的父亲面具和母亲面具是什么样的。根据他与父母的关系以及父母之间的关系,可以知道他的"家庭面具"的和谐与整合程度。根据他应对父亲和母亲的方式,可以知道他的"父亲的儿子"面具和"母亲的儿子"面具是什么样的。

然后是兄弟姐妹,一个人有几个兄弟姐妹,就会有几个兄弟姐妹面具(客体面具)和相应的主体面具。兄弟姐妹之间的关系和错综复杂的互动模式决定了这些人格面具和人格的和谐与整合程度。现在,大多数家庭都只有一个孩子,兄弟姐妹越来越少了,堂表兄弟姐妹也可以起到补充的作用。

下一步就是画出爷爷、奶奶、外公、外婆和父母的兄弟姐妹(叔伯、姑姑、舅舅、阿姨)以及他们的配偶。这些人会通过直接的互动对当事人产生影响,形成相应的人格面具。例如爷爷奶奶面具或孙子面具,被他人间接地投射到当事人身上,例如外婆或妈妈把小舅舅投射给当事人。一般说来,小舅舅不在场时,更容易发生这样的投射,这种情况类似于"丧失认同"。所以,不在场的家庭成员不应该被忽视。

5. 关系网

通常填履历表的时候,都要填个人简历、家庭成员和社会关系。但是,大多数人把社会关系仅仅理解为亲戚关系,除了直系亲属如父母、兄弟姐妹、配偶、子女之外的亲戚,还包括父母的兄弟姐妹和自己的堂表兄弟姐妹。其实这里所说的关系网是指平时联系比较多的各种社会关系，如领导、同事、朋友、邻居，也包括部分亲戚。所以，关系网和家谱图是有重叠的，联系密切的亲戚也包括在内。

关系网的核心是朋友关系，根据朋友关系，可以快速了解一个人的人格面具，因为人们在与朋友交往时，必定会形成一对相互对应的人格面具。反过来说，一个人之所以会与某个人成为朋友，是因为他有一个客体面具，而这个朋友正好符合这个客体面具。当他把这个客体面具投射给对方的时候，对方正好能够接过去。当然，朋友也会影响他的客体面具，使客体面具发生必要的变化，以便适合这个朋友。而随着客体面具的变化，相应的主体面具也会发生改变。所以说，朋友会影响我们的性格。

朋友关系有三种：学习的榜样、支持者、另一个自我。学习就是认同、模仿、追随，最后变得越来越像朋友。支持可以强化自己的性格，同时，为了得到支持，当事人会不由自主地按朋友的期望改变自己，这就是"讨好"。学习导致趋同，支持和讨好导致互补和依赖。最后又形成两种关系：相似和互补。相似就是观念相同，步调一致，心心相印，朋友变成了另一个自我。互补就是相反相成，唇齿相依，谁也离不开谁，朋友变成了"另一半"。

总体上讲，朋友关系属于私人关系，其他人际关系属于角色关系。私人关系具有心理性、情感性的特点，与人格结构关系密切。角色关系是社会性的，受社会期待的制约，必须符合一定的社会规范，有一定的权利和义务，与人格的关系相对不那么密切。不过，私人关系和角色关系不是泾渭分明的。现代人的私人关系越来越角色化和制度化，角色关系则越来越"情感化"或人性化。

6. 向量图

让被分析者讲出三个最喜欢的人和三个最不喜欢的人，可以是生活中的人，也可以是文艺作品或传说中的人，同时说明"喜欢"和"不喜欢"的性质，例如爱、崇拜、羡慕、依赖、怕、恨、厌恶等。

一般说来，喜欢的人很容易被认同，变成人格面具。例如，崇拜和羡慕一个人，就会去效仿，把对方的特质吸收过来，使自己变得和对方一样，这就是认同。反过来，我们之所以会喜欢某个人，是因为从他身上看到了自己的影子。换句话说，就是把自己的某个人格面具投射到了对方身上。因为自己是喜欢这个人格面具的，所以也喜欢被投射的人。

爱和依赖的情况稍复杂一些。严格地讲，爱不是认同。弗洛伊德把人际关系分为认同和对象爱（也称对象关注或倾注），其中，爱是把对方当作"对象"，并不与之认同，因为主体和对象（客体）是有区别的。但是，爱的对象也会被内化，形成客体面具。在特定情况下，譬如对象"丧失"，客体面具可能就会转化为主体面具，产生"丧失认同"。

讨厌的人也会被内化，从而形成人格面具。虽然说讨厌意味着排斥，但是，在排斥某个人之前，必须先知道这个人的存在，也就是心中有这个人，这就是客体面具。然后，通过排斥，把这个客体面具压抑掉,以为自己没有这个客体面具。既然自己以为没有这个客体面具,怎么证明它的存在呢?有两方面的证据,第一,个体有一天可能会突然表现得很像他所讨厌的那个人。例如被婆婆欺压的媳妇,后来成了婆婆,也去欺压自己的儿媳妇;家庭暴力的受害者,自己成了家以后,却变成了暴君;小时候对父母的某些做法非常反感,长大以后,自己不知不觉地变得越来越像父母。第二,我们之所以讨厌某个人,是因为从他身上看到了自己的影子,也就是把自己的某个人格面具投射到对方身上。因为不接纳这个人格面具,所以非常讨厌被投射的人。作为精神分析的专业术语,"投射"一词的本义就是把自己不接纳的东西排斥出去,使其变成外在的东西。

有人说:人们讨厌一个人,是因为自己身上有对方的特质;喜欢一个人,是因为自己身上没有或者缺少对方的特质。**我认为,特别讨厌和特别喜欢,都是因为自己身上有对方的特质,区别在于自己认可不认可,接纳不接纳。**如果既不讨厌,也不喜欢,一点儿感觉也没有,才表明没有对方的特质。所以,分析最喜欢的人和最不喜欢的人,是了解自己的人格面具很好的方法。

7. 配对法

有一个面具,就会有一个与之对应的面具。其中,一个自己用,一个用在别人身上。例如老师面具和学生面具、医生面具和病人面具、迫害者面具和受害者面具。

有时候,对应面具不是一个,而是一组。例如,如果一个人有孙悟空面具,很可能同时还有唐僧面具、猪八戒面具、沙僧面具；如果一个人有武大郎面具，很可能同时也有潘金莲面具、西门庆面具、武松面具。

有一个面具，就会有一个与之相反或者对立的面具。通常情况下，一个表现在外，一个处于潜伏状态。表现在外的容易被识别，处于潜伏状态的就会被忽视。所以，如果一个人表现非常极端，譬如非常好，或者非常坏，必有一个相反的面具，只是没有表现出来而已。没有表现出来，也是相对的。也许从来没有表现过，也许只在隐私场合表现出来。

8．动力学

知道某人有什么人格面具还不够，应该进一步查明面具的来历和适用情境。例如，它是什么时候形成的，是在什么情况下形成的，适用于什么情境。

面具的来历就是形成的时间。例如，某个面具是一个五岁的孩子，那么这个面具就是五岁的时候形成的。面具一旦形成，年龄、长相、装扮就不会发生变化。如果面具的年龄比当事人的实际年龄还大，例如一个小伙子有一个老爷爷面具，那就要把它当客体面具来看待，然后想象"我"在它面前应该是多大的年龄。有一位咨客有一个妈妈面具，他的妈妈已经六十多岁了，可是妈妈面具只有三十多岁，说明这个面具是在他妈妈三十多岁的时候形成的。

病态面具和儿童面具之间有一定的联系，可以推测其形成的时间。例如，窥视癖是性心理发展停滞在尿道期的结果，说明窥视者面具形成于三至六岁；强迫症与肛门期有关，说明强迫面具形成于一至三岁。

知道了面具形成的时间，再去了解当时发生了什么事，就能确定为什么会形成这个面具，这个面具是在什么情况下形成的，跟什么人有关。面具都是成对产生的，在这个过程中，必有一个"他人"在演对手戏。所以，通过家谱图、生活圈等方法也能查明面具的来历和性质。

下一步，确定面具的适用情境。从理论上讲，儿童面具就是病态面具，成年人使用儿童面具就是不合适的。但是，在非公开场合，可以有限制地使用儿童面具和病态面具。这其实就是"安置"，也叫"限定"。

任何一个面具都有适用的情境，只是有些情境基本上不可能遇到，譬如"杀人犯""自杀者""乱伦者"。换句话说，一个人有这样的面具是正常的，应该接纳它，而不要排斥它。同时，不要否认它的合理性（适用情境），而要承认它的合理性。否认它的合理性，必然会导致压抑。而压抑的结果，很可能是"爆发"，或者向外投射。

第二节　面具单一和面具分化不良的治疗手段：分化

分化主要用于治疗面具单一和分化不良（融合）。

有的人一个面具打天下，不知变通，这是面具单一的表现。有的人只有两个面具，一正一邪，黑白分明，没有中间地带，这是面具分化不良。有的人两个不同（甚至对立）的面具同时上场，自我矛盾，也是面具分化不良。遇到这几种情况，就需要采用分化技术，把它们区分开来。

1. 情境分析

人格面具是人在特定的场合中心理活动的总和，人格面具和情境是对应的。如果一个人在不同的场合表现一个样，说明面具单一，最简单的方法就是把这个面具一分为二。例如，某人的主导面具是"老好人"，我们把它分为"面对强者的老好人"和"面对弱者的老好人"。让他自己体会一下，在强者面前和在弱者面前有什么不同。再如，一位领导干部惯用领导面具，回到家里还像领导干部一样，家人很受不了。我们可以直接告诉他，职业面具和家庭面具不同，领导面具和家长面具不同，然后让他去体会，去调整。

如果是两个面具纠结在一起，那就把它们分开。例如，一个学生很想玩电脑，但是又觉得玩电脑不好，应该认真学习。这显然是"好学生面具"和"小顽童面具"之间的冲突和纠结。这两个面具原来搅在一起，像一团乱麻，现在分化开来，就知道冲突的原因了。就像两个人打架，必须先把他们分开，然后让他们分别陈述理由，结果发现，双方都有一定的道理。从理论上讲，任何一种内心冲突都是对立面具纠缠在一起同时出场的结果，分化是解决冲突的第一步。

2．矛盾分析

一个人格面具，如果是自我矛盾的，那它一定是两个面具的混合。强迫症的特点是自相矛盾、内心冲突，这说明存在两个面具，一个是"强迫面具"，例如反复洗手或检查门窗；一个是"反强迫面具"，例如认为反复洗手和检查门窗是没有必要的，是不正常的，竭力克制。

"矛盾情感"也是两个面具互相混淆的表现。一个面具喜欢某个人或某种活动，另一个面具不喜欢这个人或这种活动。通过矛盾分析，可以把两个面具区分开来，然后分析"喜欢面具"为什么喜欢这个人或这种活动，"不喜欢面具"为什么不喜欢这个人或这种活动。分开之后比较容易查清楚喜欢和不喜欢的原因，结果发现喜欢和不喜欢都有非常充分的理由。如果不把它们分开，是很难查清楚原因的，因为两个面具会互相"抬杠"。

许多家长常常同时向孩子提出两个完全不同，甚至正好相反的要求，对孩子造成"双重束缚"，令孩子无所适从。例如又要把事情做得好，又要做得快。想把事情做好，就会影响速度；动作麻利一些，自然就会潦草。这说明家长有两个面具，不管孩子怎么做，总会有一个面具不高兴。

如果一个人做决定的时候犹豫不决，或者做了决定又后悔，也是两个相反的面具互相混淆的结果。类似的情况还有完美主义、矛盾性依恋、"事与愿违"、自我否定和心理咨询中的阻抗。

把两个互相对抗的面具区分开来以后，可以强调它们的共性，使其整合；也可以强调它们的区别，划分"势力范围"，让它们各自为政。例如，上课的时候做好学生，下了课可以当小顽童；在学校做好学生，回到家里当小顽童；或者周一到周五做好学生，周末当小顽童。

一位自我要求很高、各方面都很优秀的教师，不管是上班还是聚会，她总是迟到。这显然是小孩面具（老师眼中的坏学生）和大人面具（优秀教师）在捉迷藏。

很多人的内心冲突都是小孩面具和大人面具的冲突，通常情况下，大人压制了小孩。但是，小孩会反抗，背后捣乱，干扰正常的活动。大多数人来做心理咨询，目的是让咨询师帮他制服小孩，其实，最好的办法不是压制，而是对话。通过对话，小孩和大人达成共识，和平相处。但是，如果小孩被大人"污染"了，等于在小孩的阵营里混进了几个大人，他们帮对手说话，结果小孩总是理亏。所以，对话之前必须先"清洗"小孩，消除"污染"。只有这样，才能进行平等、公平的对话。但是，彻底"去污"是不可能的，小孩面具通常都遭到了多重"污染"，层层渗透，深入骨髓，去掉一个大人面具，里面可能还有一个，无穷无尽。这时候，保持觉知，及时识别内在的大人，不被混淆视听，才是最重要的。

3．内容分析

原型面具是内容单一的面具，角色面具和人物面具其实不是一个面具，而是一组面具或面具组合。如果"面具组合"内部统一、自我协调，可以不予分化；如果内部不统一、自相矛盾，则需要予以分化。

小F是一名高中生，得强迫症已经三年了，他的症状主要是反复检查。每天晚上睡觉以前，他都要把作业、书包、门窗、水龙头、煤气检查一遍。如果五分钟内睡不着，他会起来再检查一遍。再过五分钟，如果还没睡着，还得起来检查一遍。一般都要折腾四五次，最多时二十一次。

每次检查完后，第一个想法是后悔，责怪自己没有克制能力；第二个想法是，刚才的检查是否彻底，有没有漏掉什么东西，甚至怀疑自己到底有没有查过；第三个想法是，算了算了，不查也罢，运气不会这么坏的；第四个想法是，不行，必须再检查一次。接下来是检查和不检查的纠结，脑子越来越清醒，心里越来越着急。这样下去肯定睡不好，不如查了好安心睡觉。起来的时候，他会告诫自己"下不为例"。

我把他的强迫面具命名为"检查员"。检查员为什么要一遍一遍地检查？因为他怕作业没做好，书包没整理好，门窗、水龙头、煤气没关好。就算作业没做好，书包没整理好，门窗、水龙头、煤气没关好，又怎么样呢？他说他不知道，没想那么多。我让他想，他说想不出来。我说想不出来也要想。他想了一下说，他知道反复检查是没有意义的。这话显然是反强迫面具说的。

我告诉他，他这样做一定是有理由的，他应该把理由找出来。是不是因为检查作业和书包是怕万一作业没做好，书包没整理好，忘了带什么东西，会被老师批评；检查门窗是怕万一没关好，小偷进来偷东西；检查水龙头是怕万一没关好，会"水漫金山"，把屋子和家具浸坏；检查煤气是怕万一没关好，家人会煤气中毒。

他说，检查作业和书包的确是怕被老师批评，而检查门窗、水龙头和煤气是怕坏人进来杀人，父母夜里上厕所滑倒摔死，家人煤气中毒身亡。这些都与家人意外死亡有关。这说明，检查员背后有一个极其缺乏安全感、害怕家人死亡、担心自己变成孤儿的"依附者"面具，这可能与早年的分离焦虑有关。

他是住校的。我问他，他不在家的时候，谁检查门窗、水龙头、煤气。万一没关好，家人死了怎么办。他说，那就管不着了。他担心的是，由于他的疏忽，导致家人死亡。看来，他是怕承担责任。

我推测，他有一个"弑亲者"面具。这个面具很多人都有，是俄狄浦斯情结的组成部分，通俗地讲，就是亲人之间的竞争、嫉妒和怨恨。他恨家人，希望他们死去，或者亲手杀了他们。同时，他的理智又不能接受这种想法，所以必须防患于未然。关门窗、水龙头和煤气就是防患于未然，让凶手不在现场（住校）也可以防患于未然。

他争辩说，他不是希望家人死去，而是害怕家人死去。如果不是有人蓄意谋杀，家人会那么容易死吗？他显然把不确定因素、外面的世界和他人想象得非常可怕，所以这么没有安全感。这是投射，说明他有一个"杀人者"或"恶魔"面具。

检查员的工作不仅仅是检查，更是保护家人免遭伤害。所以，检查员同时也是保护者和拯救者。

弑亲者、杀人者和恶魔是坏人，家人和依附者是受害者，检查员、保护者和拯救者是英雄，多像一部西部片！反强迫面具是一名挑剔的观众，他认为这部西部片拍得太烂，不够认真，对他没有说服力。

第三节　面具疏离、分裂和压抑的治疗手段：整合

治疗手段：整合是面具技术的根本，因为**心理健康的标志就是人格的完整和统一。**

面具间的关系主要有三种：友好，和谐，统一；对立，对抗，冲突；疏离，分裂，压抑。以决策为例，一个人想做一个决定，其实是众多面具的"集体决策"。如果面具间的关系是友好、和谐、统一的，决策就很容易做出，给人的感觉是英明、果断；如果面具间的关系是对立、对抗、冲突的，决策就很难做出，表现为犹豫不决、举棋不定、患得患失；如果面具间的关系是疏离、分裂、压抑的，决策可能很快，但事后容易反悔，因为当前面具的意愿不能代表被疏离、分裂和压抑的面具的意愿，当后者上场的时候，就会推翻前者的决定。

整合主要针对疏离、分裂和压抑。对于对立、对抗和冲突，通常先采用分化技术，然后予以整合。

1. 互相认识

整合的方法有很多，最简单的是让面具互相认识。双相情感障碍的特点是躁狂和抑郁交替出现，这是面具分裂的表现。如果

把两者"平均"一下，一直保持"不卑不亢"的状态，这种病就算治好了。怎么"平均"呢？就是让病人在躁狂的时候回忆抑郁状态，在抑郁的时候回忆躁狂状态。但是，大多数病人在躁狂的时候无法回忆抑郁状态（非常排斥，不愿意回忆），在抑郁的时候无法回忆躁狂状态（心情太差，想象不出来）。这时候可以借助于录像技术，让病人在躁狂的时候看抑郁的录像，在抑郁的时候看躁狂的录像，目的就是让两个面具互相认识。还有一个办法，就是让两个面具互相写信。

让内治疗多重人格的方法是通过催眠把各个子人格叫出来，然后告诉它，在它的体内还有另外几个子人格，它们有什么特点，从而让它们互相认识，和平共处，最后统一起来。如果用摄像机把各个子人格的表现拍下来，效果肯定会更好。

心理咨询的作用之一是帮助当事人了解自己。所谓了解自己，就是让一个面具（通常是主导面具）去认识另一个面具。了解自己是很难的，了解的已经了解了，不了解的不知道怎么了解。借助于咨询，把咨询师当作镜子，是了解自己的一种有效方法。

有人把心理活动分为四块：自己不知道，别人也不知道，叫"无意识"；自己知道，别人不知道，叫"隐私"；自己不知道，别人知道，叫"盲点"；自己知道，别人也知道，叫"意识"。**心理咨询主要作用于盲点，通过了解盲点，渐渐缩小盲点**。当然，除了心理咨询，朋友和同事之间真诚的反馈也可以达到这个目的。

与个别咨询相比，团体咨询更有助于了解自己。在团体中，所有的成员都是镜子，可以从各个角度、"全方位"地向求助者

所谓了解自己,就是让一个面具去认识另一个面具

提供反馈。另外，还可以借用心理剧的技术，由其他成员模仿求助者的表情、动作和说话方式，再现他的内心活动，让求助者亲眼"看到"自己。

分化技术表面上是把不同的面具分开，但是，这个工作是当着求助者的面进行的，也可以说是在求助者的脑子里进行。各个面具共用一个脑子，所以在分化的过程中就互相认识了。从某种意义上讲，分化就是整合。

2. 自我对话

不认识自己的另一个面具，是因为不想认识，也就是不接纳。这时候，应该告诉求助者，不管他接纳不接纳，这个面具永远存在于他的人格中，他是逃避不掉的，必须面对它。任何一个面具都有产生的原因和存在的理由，面具一旦形成，永远不会消失，也不会改变。

既然不得不接纳，那就改变一下心态。努力寻找面具的优点和好处。最好的办法是让面具自报优点和好处，因为这样比较"真诚"。把坏人往好处看很难，让坏人自己说，一定会把自己说得很好。同样，找自己不接纳的面具的优点和好处很难，不如让它自己说。另外，让面具自报优点和好处，就是暂时把这个面具当成主导面具，等于把它拉到人格的中心位置，这是最好的接纳。

两个不认识的人相遇，想互相认识，必须自我介绍；两个人发生误会了，可以通过沟通来解除；两个人对立起来了，可以通过第三方来调解，而调解的方法主要就是沟通。所以，一个面具想认识另一个面具，或者与对立的面具和解，最好的办法就是让两个面具互相对话。

某人有一个冷血杀手面具，他担心这个面具真的会杀人，所以非常害怕。我问他冷血杀手为什么杀人，他说不知道。我让他猜（推测、想象），他说可能是报仇。后来，我要求他让冷血杀手自己说。结果，他用颤抖的声音说："我并不是真的想杀你。只是想吓唬你一下，可是你一点儿也不给我面子，反而比我还凶，让我下不了台。"

不难看出，揣摩面具的心思和让面具自己表达，这两者间的差别是很大的。当一个人不接纳自己的面具时，就会把它往坏处想，这样想是不利于面具的整合的。如果让它自己说，它一定不会把自己往坏处说。这是因为，面具是一个整体，是自我统一、自我接纳的。如果一个面具是自我矛盾、自我排斥、自我贬低的，那肯定不是一个面具，而是两个面具，而且还是互相对抗的。

有一个病人，老是担心别人会伤害他和他的家人。所以做任何事情都非常小心，害怕伤害别人，不敢得罪别人，揣摩别人的心思，过分关注环境安全和食品安全，反复检查和清洗。他有一个受害者面具，整天提心吊胆，担心被人伤害；还有一个拯救者面具，时刻保持警惕，随时消除安全隐患。后来发现，他还有一个反抗者面具，觉得自己这样做很累，很想什么也不管，任凭意外发生，甚至亲自制造意外。不难看出，反抗者其实就是迫害者，它本来躲在暗处，化名"别人"，后来走到前台，取代了拯救者，为拯救者打抱不平。他对这个面具是不认可的，所以竭力压制，怕它生出事端。我让他跟这个面具对话，问他为什么要制造意外，伤害自己和家人。反抗者开始什么也不说（应该是别的面具不让它说），后来说自己并没有想伤害自己和家人（这是狡辩），再后来就数落起家人的种种不是（开始倒苦水了），最后还说自己这样做其实是为了家人好（这是他的真心话）。

让面具自己说，必须用第一人称说话。许多求助者没有这个习惯，咨询师必须向他强调。在上例中，我问求助者，冷血杀手为什么杀人。求助者开始说："不知道。"我问："是你不知道，还是他不知道。"他说："他不知道。"我让他问问冷血杀手，为什么杀人。他还是说："他说他是受雇杀人。"我要求他让冷血杀手自己说。用第一人称，他才说："我并不是真的想杀你……"

让面具说话，其实就是让求助者"钻进"面具。这样一来，他就成了深入面具体内的"内窥镜"，可以清楚地知道面具的内心感受。"描述"是表面的，"进入"比较深刻。

"进入"不但可以更加深刻地了解面具，同时也可以控制面具、修改面具。这是因为，"钻进"面具的是咨客面具或其他面具，它有自己的心理特点，一定会对被钻的面具产生影响。另外，"进入"一个面具，就是戴上这个面具，等于上了"贼船"，说明已经认可这个面具。

自我对话，除了可以深入了解一个面具的真实想法，以便消除误解,完成整合;还可以让面具在自我辩解的过程中发现自己的谬误,以便自我纠正。

3. 求同和折中

疏离和对抗是因为不同,如果找到两个面具的共同点,就能把它们整合起来。具体做法是:通过自我对话,让两个面具分别陈述自己的观点和理由,然后求同存异,把共同点找出来。例如,在拯救者看来,迫害者想置家人于死地,而迫害者说,他这样做是为了家人好。双方都是为家人好,所以就有共同之处了,下一步就是讨论用什么方法帮助家人。

从理论上讲,任何两个面具都有共同之处。因为它们共用一个身体,共享一套心理资源。相反,如果两个面具没有任何共同之处,是不会发生对抗的。但是,由咨询师来找共同之处,通常不会有效果。因为咨询师是局外人,也许很客观,很中立,很讲道理,但没有切身体验,没有利害关系,很难被双方所接受。由求助者的第三个面具(譬如咨客面具)来找共同之处,效果也不好。必须让冲突双方自己协商,充分表达自己的观点,最后达成共识。因此,充分的沟通非常重要。多数情况下,"求同"是自然发生的。通过自我对话,对立的面具自己会达成共识。

折中就是平均,把两个面具"平均"一下,差异消失了,也就不会疏离和对抗了。互相认识就有折中的作用,因为面具之间会相互影响。如果互相认识还折中不了,可以通过"自我对话"让两个面具去谈判,如果双方都各退一步,也就折中了。

还有一个办法,就是由第三方来"调解",提出一个折中的方案。例如，一个强迫洗手的病人，每天要洗二十次手，"自己"认为洗太多，但克制不了。我问他的强迫面具，觉得一天洗多少次比较合适，它说二十次是需要的。再问反强迫面具，开始说最好一次也不洗，后来自我纠正，六次比较合适，饭前三次，便后三次，不包括洗澡和洗脸。我给出的方案是十二次，除了饭前便后，还有六次机动，具体情况自己安排。病人同意了，就按这个方案执行。

4. 转化

所谓"转化"，就是换一个角度看问题，通常是用积极评价或中性判断代替消极评价。例如，求助者认为某个面具是自私的、虚荣的、邪恶的、危险的，就把它们换成"自我保护""适应环境""严厉""怨恨"。一个词可以有多个同义词或近义词，有的是褒义的，有的是中性的，要根据情境来选择。

"内窥镜"技术，即"进入"面具就是一种转化。采用自我对话，或让自己面具说话时，视角自然就变了。

第四节　面具发作、干扰和投射的治疗手段：安置

每个面具都有产生的原因和存在的理由，如果当事人因某个面具带来苦恼而想把它消灭掉，那是不妥当的。消灭，其实就是压抑。被压抑的面具依然存在，它可能会突然爆发出来，或者投射到别人身上。对于这样的面具，最好的办法就是把它安置好。所谓安置，就是找到适合它的情境，把它限定在特定的情境中。安置适用于发作、干扰和投射。

1．识别

有位来访者经常会无缘无故地觉得身边的人都不要她了，所以感到孤单、委屈、恐慌，并且发脾气、酗酒、自残。别人怎么安慰也没用，因为她觉得人家不是真心的。她甚至有报复心理，故意让别人难堪。别人如果不耐烦了，更证明他们真的不要她了。学了人格面具理论，她知道，这是一个"弃婴面具"。

安置的第一步是识别它，了解它。当它出来的时候，用心去感受它，不回避，不排斥，不打压。如果出不来，那就制造情境，或者通过想象，把它引出来。识别面具就是了解自己。除了自我观察，还可以请别人帮忙。有些面具，尤其是自己不接纳的面具，

自己看不到，别人也许看得很清楚。

2．释放

第二步，确定适宜的情境，也就是告诉自己，在什么情况下这个面具可以出来。以弃婴面具为例，开始的时候，条件要宽松一点，允许它在多种情境下出来。一人独处的时候，有人在但背对着她的时候，面对着她但不跟她说话的时候，别人凶她的时候，别人扬言离开她的时候，别人离她而去的时候，她被锁在屋里或门外的时候，她迷路的时候，她被扔在孤岛上的时候。由于许多情境并无实际的危险，这个面具渐渐地就不会再出来了。最后剩下的几个情境确实是有危险的，例如被锁、迷路，以及在孤岛上，这个面具出来也是应该的。

许多人不接纳自己的弃婴面具，所以想方设法予以压制。压制导致能量的聚集，结果弃婴面具越来越强大，最后泛滥成灾，时不时地爆发出来，干扰正常的生活。而释放可以减少能量，使心灵得到净化。当弃婴面具的能量减少到一定程度时，就不会对日常生活产生影响了。具体做法最好是在特定的情境中让弃婴面具出来。心理咨询和心理治疗就是特定的情境，每周一次，或五次，一次一个小时，在治疗室里，有治疗师的陪伴。如果这样还不够，可以采取作业疗法的形式，让咨客在家里，每天一次，或者三次，每次半小时。这样释放一段时间，两个月，或者一年，弃婴面具的能量必定会消耗殆尽。

释放的方法可以是描述面具，也可以是把面具演示出来。所谓描述，就是告诉治疗师，弃婴面具都有什么表现。在描述的过程中，咨客常常会感觉到弃婴面具的内心活动，甚至被弃婴面具支配，把它直接表现出来。这个时候，弃婴面具就是当下的面具。由于弃婴面具是被有意识地激发出来的，所以这样的表现也就是演示。有些时候，弃婴面具一出来，咨客就失去控制，完全被弃婴面具所支配，呈现出意识"分离"的特征，变得"无意识"。但是，通过不断演示，意识的作用会越来越强大，越来越有"觉知"，最后变成真正的演示。另外还可以找几个人分别扮演当事人的几个人格面具，让他们即兴表演，或者在治疗师的指导下进行表演。这种方法可以把当事人的内心活动展示出来，以便使其更好地了解自己，了解就是整合。

3. 接纳

人人都有弃婴面具，弃婴面具是人所共有的本性，所以，不接纳是不行的。人们之所以不接纳，是因为它干扰正常的生活。它之所以会干扰正常的生活，是因为被压抑得太久而暴发出来。而且，每次暴发都不充分，所以不断地暴发。当它的能量不那么大的时候，对日常生活没有太大影响了，就可以接纳了。释放就是接纳，正如压抑就是不接纳。

接纳有两种：一种是消极的接纳，一种是积极的接纳。

消极的接纳就是无奈地接受，属于权宜之计。弃婴面具既然是人性的一部分，只好接纳。面具一旦形成就不会消失，也很难被"修改"，那就认了吧。压抑会导致泛滥，不如用接纳来疏泄。

积极的接纳是指认识弃婴面具的积极意义，对它报以感激之情。想想看，如果没有弃婴面具，出生的那一刻，我们无动于衷，

每个面具都有其产生的原因和存在的理由

不发出第一声哭叫，自主呼吸就建立不起来了；如果没有弃婴面具，妈妈忽视我们的时候，我们不哭也不闹，就会继续被忽视，最后导致营养不良、水电解质平衡失调、器官功能衰竭；如果没有弃婴面具，在危急关头，我们就不会求救，从而错过了被救的机会。

弃婴面具是情感链接的动力。人是社会的动物，人的社会性就是靠弃婴面具来支撑的。小的时候，它表现为对母亲的依恋；长大一点，它表现为对朋友的情意和归属感；谈恋爱的时候，它转换成了激情。有了它，才有家的概念，人才会关注自己的血统，才会要叶落归根。

4. 控制

演示就是控制。有了控制感，弃婴面具就没那么可怕了。我们就可以随心所欲地使用它，什么时候让它出来，什么时候不让它出来，运用自如，得心应手。面具无好坏，使用恰当就是好。

面具的能量得到释放之后，就不会泛滥成灾，不会不分场合地冒出来，只有遇到"合适"的情境时才会出来，这就是"安置"。安置就是接纳，因为面具的合法地位得到了承认。如果实在安置不了，无法完全限定在单一的情境中，那就另外给它寻找一个安身之处。例如独处的时候，喝点儿酒，看一部悲情的电影。

第五节 面具的新建

有些人不适应环境，或者在某些场合表现不得体，是因为缺少相应的面具，这个时候就需要新建一个面具。新建面具有两种方法：一是从零开始，或者从头学起；二是借用或移植一个相似的面具，然后对它进行修改，以便适应新的情境。具体地，可分为以下四种：

1．模仿

模仿就是通过观察，把别人的音容笑貌、言谈举止、思想感情记录下来，形成客体面具，然后再把它转换成主体面具，用自己的行为把它表现出来。新建面具也可以采用这种方法。具体做法是：首先选择一个模仿对象，然后对他进行深入的观察，同时对他进行模仿。久而久之，当事人就会越来越像模仿对象。

模仿包含两个成分：一是观察，二是角色扮演。

单纯观察就能形成客体面具，只要在适当的时候把它转化成主体面具，模仿就完成了。如果不把它转化成主体面具，继续以客体面具的形式保存着，虽然不是完整的模仿，但"内化"已经完成。内化非常普遍，和一个人接触较长时间之后，就会自然而然地把对方内化，形成客体面具。以后遇到某种情境，客体面具就会转化为主体面具。因此，做过长程咨询的求助者都有咨询师面具，必要的时候都能部分地像咨询师那样行事。

角色扮演就是有意识地像模仿对象那样行事，假装自己就是对方。如果模仿对象已经内化，已经形成客体面具，那么，只要转变角色，把自己当成模仿对象，像他那样行事就可以了。如果模仿对象还没内化，客体面具还没形成，那就一边观察对方，一边学他的样子。

模仿对象可以是现实生活中的人，也可以是电影或者小说中的人物。在治疗室里，治疗师可以自告奋勇，担任求助者的模仿对象。治疗师设定一种情境，例如买菜，让来访者扮演顾客或者摊贩，把表情和动作都演出来，自编台词，随机应对。如果表现不妥，治疗师可以予以纠正，并且示范。然后反复练习，直到熟练为止。

进行角色扮演的时候，还可以请别人当配角，也可以使用道具，把环境布置得非常逼真，甚至化一下妆，也可以戴一个面具，或者挂一个胸牌。

2. 实践

这里所说的"实践"有两层含义：一是"实战"，就是到现实生活中去锻炼，在实践中形成一个面具；二是角色扮演，就是通过身体力行形成主体面具。

经过一段时间的模仿学习和角色扮演，求助者已经成功地形成了一个合适的主体面具，下一步就是把它迁移到现实生活中，在现实生活中检验它，完善它，这就是"实战"。

自然状态下的面具形成绝大多数是实战的产物。婴儿做了一个动作，得到母亲或者别人回应，他受到了鼓舞，重复做这个动作，从而形成一个主体面具，或者成为某个主体面具的一部分；如果母亲或别人没有回应，这个动作就不会保存下来；如果母亲或别人惩罚了他，这个动作就会受到抑制，被这个面具"剔除"。一个人以某种身份进入某个场所，如果他的表现与他的身份或情境相符，就会得到"强化"；如果他的表现与身份和情境不符，就会受到"抑制"。经过强化和抑制的双重作用，他的表现被"修剪"，与身份和情境越来越相符。这些表现构成了一个人格面具。

其实，心理咨询也是现实生活的一部分。除了有目的的角色扮演，心理咨询本身就是一种实战。在咨询室里，求助者必须使用咨客面具。有的求助者本来没有咨客面具，或者他的咨客面具有缺陷，就会在咨询过程中被修剪，逐渐形成"合适"的咨客面具。咨客面具的特点是理智、客观、负责、积极参与、勇于自我探索，这样的面具是比较健康的。如果求助者把咨客面具带到生活中去，使其成为主导面具，他就是一个心理健康的人。

另外，心理咨询中的移情也属于实战。咨询师决不满足于只听求助者讲他的故事，更喜欢看他表演。看表演有两种途径，一是事先告诉求助者，我们来做角色扮演，你扮演自己的某个面具。这样做的结果是，"表演"的成分太浓，不够真实。第二种途径是，咨询师什么也不说，直接戴上某个面具与求助者互动，求助者不由自主地掉进咨询师的"陷阱"，换上相应的面具，与咨询师配合。这个时候，求助者就不是表演，而是真情表现了。不过，表演有时候也会假戏真做。求助者如果很入戏，就会真情表现。

3. 扳机点技术

每一个面具都有适合它的情境，面具和情境之间具有对应的关系。当进入这种情境的时候，面具就会"自动"出来。真的是"自动"的吗？其实不然，面具是被各种线索激发的。譬如场合、布景、标语、座位、在场的他人、他人的动作或话语。这些线索就是刺激物，与面具之间形成了条件反射。一碰到适宜的刺激物，面具就被激发出来了。另外，事先知道自己要去哪里，去干什么，以什么身份参加，也是刺激物。有的人喜欢用默念"我是谁"来激发面具；有的人用特殊的装束来强化"我是谁"。所有这些刺激物，对于激发面具来说都是非常重要的。所以认识刺激物，巧妙利用刺激物，是面具技术的一项重要内容。刺激物也称"扳机点""情绪按钮"或"心锚"。

有一个学生，每到期末考试的时候，就会心情烦躁、失眠、退缩，最后无法参加考试。考试就是他的扳机点。有一位女生，每次谈恋爱，当男方有亲密举动时，她就会慌忙逃窜，或者痛斥对方，有一次还打了对方一个耳光。亲密举动就是她的扳机点。社交恐惧症的扳机点是社交场合、异性和"大人物"。洁癖的扳机点是脏。

从理论上讲，只要不去碰扳机点，面具就不会出来。所以，应该尽量避免碰触扳机点。然而，现实生活中，这是很难做到的。第二种方法是改变扳机点，通过演练，把 A 面具的扳机点与 B 面具形成条件反射，例如，一边摸脏东西，一边做深呼吸，这样就没时间去洗手了。还有一种方法是，当一个不妥当的面具出来时，利用扳机点激活另一个面具，取代那个不妥当的面具。例如，当出现考试焦虑时，通过刺激一个扳机点，换上"胜利者"面具。具体做法是：先设定一个扳机点，譬如一句口号、一个动作、一个"护身符"或者身体的一个部位；然后，通过各种手段使自己进入积极、自信的状态，也就是扮演胜利者；最后，"启动"扳机点。反复练习，使扳机点和胜利者面具形成条件反射。以后，在任何情况下，只要启动扳机点，胜利者面具就会自动登场。

4. "移魂大法"

形成了一个面具，并且设置了扳机点，那么，需要的时候，"按"一下扳机点，这个面具就会"自动"上身，摇身一变，变成另一个人。

这种方法很常用，也称"换位思考""角色转换"。在心理咨询过程中，咨询师通过想象自己就是求助者并遇到了与求助者相同的问题，然后想象自己会有什么感受，会怎么想，会有什么反应，从而了解求助者的心理状态，从而达到共情和替代性内省的目的。

有一位社交恐惧症患者，我让他"假装"自己是警察，结果，他的症状明显减轻。但是，这种方法在现实生活中行不通，因为他没有警服。于是，我让他假装自己是便衣警察。从那以后，一出现社交恐惧症的症状，他就会默念"我是便衣警察"，果然一下子变得自信起来了。

一个新手咨询师，遇到一个棘手的问题，不知道怎么处理。可以通过想象自己就是督导，让督导"附身"，或者自问"如果我的督导遇到这种事情,他会怎么做"来处理这个问题。

一位学员,她的老公性子很急,动不动就发脾气了。过去,老公无缘无故对她发脾气,她的叛逆者面具就会出来,于是跟他吵架,然后冷战好几天。学了移魂大法以后,老公再发脾气,她就调出安抚者面具,把老公安抚一番,老公立即怒气全消。

人们之所以会陷入人际冲突或情感纠葛,痛苦不堪,却不能自拔,就是因为习惯性地使用对自己不利的面具。所谓习惯,其实就是扳机点。一种情境,或者对方的一个面具,作为扳机点,激活了当事人的某个面具,而这个面具会给当事人带来不好的结果。由于缺乏"觉知",当事人一直认为,自己的反应是必然的,在那种情境下只能使用那个面具,面具和情境是匹配的。"移魂大法"就是跳出情境,摆脱"必然性",任意换用其他面具。这是对面具的一种超越,使面具的使用不再受制于情境。

人生本来就是一出戏,我们常常因为入戏太深,假戏真做,而给自己带来苦恼。现在,有意识地把人生当戏来演,我们就能远离苦恼。